Frankenland am Jurastrand

Versteinerte Schätze aus der Wattendorfer Lagune

Führer zur gleichnamigen Ausstellung des Naturkunde-Museums Bamberg

von

Matthias Mäuser

Verlag Dr. Friedrich Pfeil
München • ISBN 978-3-89937-097-3

Bibliografische Information der Deutschen Nationalbibliothek

Die Deutsche Nationalbibliothek verzeichnet diese Publikation in der Deutschen Nationalbibliografie; detaillierte bibliografische Daten sind im Internet über http://dnb.d-nb.de abrufbar.

Gesamtherstellung: Verlag Dr. Friedrich Pfeil, München

ISBN 978–3–89937–097–3

Verlag Dr. Friedrich Pfeil
Wolfratshauser Straße 27, D-81379 München, Germany

Tel.: +49 89 742827-0
Fax: +49 89 7242772
E-Mail: info@pfeil-verlag.de

www.pfeil-verlag.de

Vorwort

Als im Jahr 2002 die ersten Plattenkalk-Fossilien aus dem Wattendorfer Steinbruch der Firma Andreas Schorr GmbH & Co. KG in das Naturkunde-Museum Bamberg gelangten, konnten wir noch nicht ahnen, welche nachhaltigen Folgen diese Funde für unser Haus nach sich ziehen sollten. Alleine das Vorkommen eines laminierten Plattenkalkes vom »Typ Solnhofen« aus der oberen Jura-Zeit (Malm) in diesem nördlichen Teil der Obermainalb galt schon als aufregende Überraschung. Zudem versprachen die ersten Erkundungen einen großen Fossilreichtum. Insofern empfanden wir es als Freude, uns um die Erforschung dieser sowohl paläontologisch als auch geologisch höchst interessanten Fundstelle kümmern zu dürfen. Glücklicherweise stießen wir beim Eigentümer des Steinbruchs, Herrn Helmut Schorr, auf einen aufgeschlossenen Partner, der uns nicht nur die Erlaubnis zu wissenschaftlichen Grabungen erteilte, sondern uns auch logistische und technische Unterstützung gewährte. So konnten wir im Sommer 2004 in Zusammenarbeit mit Prof. Franz Fürsich vom Paläontologischen Institut der Universität Würzburg und Dr. Winfried Werner von der Bayerischen Staatssammlung für Paläontologie und Geologie in München die erste dreiwöchige Grabungskampagne durchführen. Basierend auf den dabei gewonnenen Erkenntnissen folgten bis 2008 weitere vier Kampagnen unter alleiniger Regie des Naturkunde-Museums. Inzwischen liegen im Magazin des Museums und auf den Tischen auswärtiger Wissenschaftler über 5000 Wattendorfer Fossilien. Freilich handelt es sich bei dem Großteil dieser Objekte um kleinere, wenig spektakulär wirkende Fossilien wie Schnecken, Muscheln, Brachiopoden und andere wirbellose Tiere, doch auch diese liefern wichtige Erkenntnisse über die Natur des Vorkommens. Durchaus spektakulär sind jedoch die zahlreichen großen und kleinen Fische und Reptilien.

Sehr erfreulich und motivierend bei dieser Arbeit ist die wache Aufmerksamkeit, die den Fossilien und den neuen Erkenntnissen von Seiten weiter Kreise entgegengebracht werden. Dies kann man unter anderem bei Vorträgen spüren, die beim Publikum Interesse und Faszination wecken. Auch die zahlreichen Geldspenden, die für die Präparation der Fossilien verwendet werden, zeugen von der außerordentlichen Wertschätzung. Um dem Interesse Rechnung zu tragen, wurde diese Sonderausstellung realisiert. Die Schau soll, ebenso wie dieses Begleitheft, jedem dieses erdgeschichtliche Thema nahebringen, auch denjenigen, die bislang noch nicht mit der Erdgeschichte unserer Region in Berührung gekommen sind. Das bedeutet, dass eingangs auch grundlegende geologische Sachverhalte, die für das Verständnis des Wattendorfer Fossilvorkommens wesentlich sind, geschildert werden. Die Schau soll als abgeschlossenes Thema verstanden werden, ohne dass die Besucher auf bereits vorhandenes Wissen zurückgreifen müssten. Sie wird mit außergewöhnlichen Fossilien sicher auch dem Spezialisten völlig neue Einblicke in die Welt der Oberjura-Meere geben«

Längst sind noch nicht alle wissenschaftlichen Fragen gelöst, und auch das Faunen- und Florenspektrum, das in den Wattendorfer Plattenkalken eingebettet liegt, ist bei weitem noch nicht vollständig erfasst. Das bestätigt jede neue Grabungskampagne mit der Entdeckung neuer Organismen. Insofern haben wir die Hoffnung, dass den bisherigen Grabungen noch viele weitere folgen mögen.

Einleitung

Wenn in der Einleitung zu einer Schrift, die eine bestimmte Fossillagerstätte zum Thema hat, zunächst von einer anderen Fundstelle die Rede ist, so hat das einen besonderen Grund. Gemeint sind die Fossillagerstätten des »Solnhofener Typs«, die sich über die Südliche Frankenalb erstrecken. Fossilien aus Plattenkalksteinbrüchen um die Ortschaften Solnhofen, Langenaltheim, Eichstätt, Zandt, Jachenhausen und Kelheim – um nur die wichtigsten zu nennen – waren früher allgemein unter dem Namen »Solnhofener Fossilien« bekannt. Solnhofener Fossilien genossen Weltruf, und genießen ihn bis heute. Und obwohl es heute nach der Entdeckung der Vielzahl gefiederter Dinosaurier und Vögel in den kreidezeitlichen Ablagerungen der so genannten Jehol-Gruppe in der nordchinesischen Provinz Liaoning Fossillagerstätten mit überragender Bedeutung für die Erforschung biologischer Entwicklungsgeschichte gibt, hat »Solnhofen« nach wie vor den Ruf als berühmteste Fossillagerstätte der Welt. Worauf gründet sich dieser schier unsterbliche Ruhm? Während der jahrhundertelangen Abbautätigkeit haben die Hände Tausender von Steinbrechern, sozusagen als Beifang zu den wunderbaren Wand- und Bodenplatten sowie Lithographiesteinen, eine große Anzahl hervorragender Versteinerungen ausgegraben. Diese Fossilien fanden ihren Weg in zahllose Privatsammlungen, aber auch in alle einschlägigen Museen der ganzen Welt. Der wahre Nimbus der Solnhofener Plattenkalke beruht jedoch auf der Entdeckung des Urvogels *Archaeopteryx*. 1861 wurde zunächst eine isolierte Feder entdeckt, und noch im gleichen Jahr ein nahezu komplettes Urvogelskelett aus seinem steinernen Grab gehoben. Dieser Fund kam geradezu auf Bestellung: 1859 hatte Charles Darwin (1809-1882) sein revolutionierendes Werk über den Ursprung der Arten herausgegeben, das sowohl in der gelehrten Welt als auch in einer breiteren Öffentlichkeit Diskussionen und erbitterte Kämpfe auslöste, wie kaum jemals eine andere naturwissenschaftliche Theorie. Der Urvogel *Archaeopteryx* wurde in diesem Zusammenhang als »Kronzeuge der Evolution« angesehen und erregte somit weltweites Aufsehen. Noch heute, nachdem insgesamt zehn Exemplare des Urvogels ausgegraben worden sind, gilt *Archaeopteryx* als das berühmteste Fossil und die Solnhofener Plattenkalke als die berühmteste Fossillagerstätte weltweit.

Inzwischen weiß man, dass der Solnhofener Plattenkalk in der typischen Gesteinsausbildung wie er um Solnhofen, Langenaltheim und Eichstätt in ausgedehnten Brüchen abgebaut wird, nur als **ein** Typ eines differenzierten Lagerstättenkomplexes aufzufassen ist. Aus zahlreichen kleineren Aufschlüssen in der Südlichen Frankenalb kennt man Plattenkalke, die in ihrer Gesteinsausbildung stark variieren, von kalkig, dolomitisch bis kieselig, reich an Bitumen oder Mergel, unterschiedlich in der Ausbildung der Schichtflächen von glatt bis runzelig. Auch in ihrem geologischen Alter kann man Unterschiede nachweisen. Die Gesamtheit der fossilreichen Plattenkalke der Südalb (wie auch der wenigen Fundorte auf der Schwäbischen Alb und in Südfrankreich, von denen später noch die Rede sein wird) entstanden in der Oberen Jura-Zeit innerhalb eines Zeitfensters von einigen wenigen Millionen, vielleicht nur einer Million Jahren. Jedes der Vorkommen hat seine Eigenheiten in Bezug auf Gesteinsausbildung und Fossilinhalt. Nun ist mit der Lokalität Wattendorf unverhofft ein weiteres Vorkommen hinzugekommen, das sein eigenes individuelles Gepräge hat. Und es sind die ältesten Oberjura-Plattenkalke, die wir bislang kennen.

Abb. 1. Die Ortschaft Wattendorf aus der Vogelperspektive (Foto: Adolf Nüsslein).

A. Der geologische Rahmen

Die hübsche Juraortschaft Wattendorf liegt 22 km Luftlinie nordöstlich von Bamberg. Auf dem Weg dorthin kommt man kurz nach Verlassen des Bamberger Talkessels an der barocken Schlossanlage Seehof vorbei. Die dem sehenswerten Schloss vorgelagerten Teichanlagen stehen im tonigen Gestein des wasserstauenden Feuerletten, der sich in der oberen Trias-Zeit abgelagert hat. Vorbei an Memmelsdorf trifft man links der Straße (B 22) auf den Leitenbach, der uns nun fast bis zu unserem Ziel – Wattendorf – begleiten wird. Zwischen Drosendorf und Scheßlitz können wir rechterhand die Gügelkirche sehen, eine ebenso kleine wie außergewöhnliche, sogar geologisch interessante Wallfahrtskirche. Sie thront auf einem freistehenden Felsen aus Riffgestein des Weißen Jura und markiert einen Ausläufer der Frankenalb, deren Steilanstieg sich hier markant erhebt. Das sanftwellige Vorland der Alb steht in Tonen und Mergeln des Schwarzen Jura. Nach Scheßlitz mit seinem wunderschönen historischen Ortskern nähern wir uns allmählich dem Albrand. Bei Stübig erreichen wir –geologisch gesehen – den Eisensandstein des Braunen Jura. Diesem ockerbraunen Sandstein begegnen wir

Abb. 2. Schnitt durch die Landschaft der Nördlichen Frankenalb (umgezeichnet nach G. Wagner, Erd- und Landschaftsgeschichte).

in der Region häufig in Form von Werksteinen, aus denen Kirchen erbaut wurden, beispielsweise Vierzehnheiligen, die Gügelkirche und hier auf unserem Weg die Dorfkirche von Weichenwasserlos. Bald hinter Roßdach, immer noch dem Tal des Leitenbachs folgend, erkennen wir links der Straße inmitten botanisch interessanter Trockenrasen unvermittelt klotzige Felsen aufragen. Es sind Riffgesteine des Weißen Jura. Nun wird unser Weg steiler, denn wir erklimmen den eigentlichen Albanstieg, der durch die harten Weißjura-Gesteine bedingt ist. Auf der Hochfläche angekommen, erreichen wir Wattendorf (Abb. 1). Die Gegend, die wir durchfahren haben, ist geprägt vom Gesteinsuntergrund und weist zahlreiche geologische Besonderheiten auf. Die spektakulären Fossilien aus de Wattendorfer Lagune bilden in dieser Hinsicht eine ganz besondere Krönung.

Schwarz, braun, weiß

Die Frankenalb ist aus Gesteinen aufgebaut, die sich während der Jura-Zeit gebildet haben (Abb. 2). Die Jura-Zeit ist der mittlere Abschnitt des Erdmittelalters (Abb. 3). Heute kann man die Abfolge der geologischen Zeitalter auch mit relativ gesicherten Zeitangaben versehen. Demnach begann die Jura-Zeit vor rund 200 Millionen Jahren und endete vor 145 Millionen Jahren.

Die Jura-Zeit war eine Epoche, während der Mitteleuropa meist und größtenteils unter Meeresbedeckung lag. Die Gesteine der Frankenalb sind also ehemalige Meeresablagerungen, die erst nach Verfestigungsprozessen über Millionen von Jahren zu hartem Gestein wurden. Je nach den Bedingungen, unter denen sich diese Ablagerungen bildeten – beispielsweise unterschiedliche Meerestiefe, Wassertemperatur, Klima, Strömungen, Nähe zum Festland – entstanden auch unterschiedliche Gesteine. Nach diesen Gesteinsunterschieden wird der Jura nach herkömmlichem Sprachgebrauch in drei Abteilungen gegliedert: Schwarzer Jura (unterer Jura oder Lias), Brauner Jura (Mittlerer Jura oder Dogger) und Weißer Jura (Oberer Jura oder Malm).

Während der Schwarzjura-Zeit stößt das Meer in mehreren Anläufen vom Nordseebecken nach Süden vor. Vom östlichen Festland schieben sich Flussdeltas in dieses junge Jura-Meer. Bald sind jedoch vollmarine Verhältnisse erreicht und es entstehen blaugraue bis schwarze Stillwassertone (Beispiel: Tongrube LIAPOR bei Buttenheim). Während der Braunjura-Zeit herrschen bei uns durchweg marine Bedingungen. Es lagern sich vorwiegend Tone und Sandsteine ab. Typisch ist der braune, feinkörnige Eisensandstein. Während der Weißjura-Zeit setzen sich die marinen Verhältnisse fort. Unter den später geschilderten speziellen Bedingungen kommt es zur Ablagerung grauer Mergel und weißgrauer Kalke und Dolomite.

Die Welt zur Zeit des Oberen Jura

Die Wattendorfer Plattenkalke lagerten sich während der oberen Jura-Zeit ab, genauer gesagt im frühen Oberkimmeridge. Um es anders auszudrücken: vor rund 150 Millionen Jahren. Angesichts dieses schier unvorstellbar erscheinenden Zeitraums mag die Tatsache nicht verwundern, dass die Welt damals noch völlig anders aussah als heute. Seit ihrer Entstehung ist die Erde mitsamt ihrer Biosphäre einem ständigen Wandel unterworfen – und ist es bis heute. Während der Oberen Jura-Zeit begann die vormals riesige zusammenhängende Landmasse Pangäa (Abb. 4) schon wieder Geschichte zu werden. Der Superkontinent war entlang aktiver Spalten in der Erdkruste im Begriff auseinanderzudriften. Aus Pangäa waren zunächst zwei Landmassen geworden – das nördliche Laurasia und das südliche Gondwana. Dazwischen breitete sich das Urmittelmeer Tethys aus (Abb. 5). Die durchschnittliche Temperatur auf der Erde lag merklich höher als heute, weshalb die Pole eisfrei waren. Da somit wenig Wasser in Form von Eis gebunden war, lag der Meeresspiegel zeitweise 150 m höher als heute. Das hatte zur Folge, dass ausgedehnte Festlandsgebiete vom Meer überflutet waren. Diese großflächige Meeresbedeckung wiederum bewirkte ein ausgeglicheneres Klima als es heute herrscht. Es gab also unter anderem geringere jahreszeitliche Temperaturschwankungen.

Auch die Lebenswelt gestaltete sich fremd im Vergleich zu heute. Auf den Festländern herrschten die Dinosaurier. Über 40 m lange, behäbige Kolosse weideten in Herden die Buschlandschaften ab, und zweibeinig laufende, agile Raubsaurier gingen auf Beutezug. Die heute so dominierenden Säugetiere führten als unauffällige kleine Pelztierchen, die sich überwiegend von den sich rasch ausbreitenden Insekten ernährten, noch ein Schattendasein. Am Himmel kreisten Flugsaurier mit Flügelspannweiten von über 2 m (in der späteren Kreide-Zeit sollten ihre Nachfahren die Größe von Kleinflugzeugen erreichen!). Mit dem Urvogel *Archaeopteryx* und dessen unbekannten Vorfahren schlug die Evolution die später so erfolgreiche Entwicklungslinie der Vögel ein. Blütenpflanzen gab es noch nicht, doch Nadelgehölze, Ginkgobäume und Baumfarne bildeten gerade in den höheren Breiten dichte Waldgebiete.

In den sonnendurchfluteten subtropischen Flachmeeren gediehen Korallen- und Schwammriffe prächtig. Dort war Leben besonders üppig. Zahl- und artenreich waren gerade die heute ausgestorbenen Ammoniten. Das waren mit

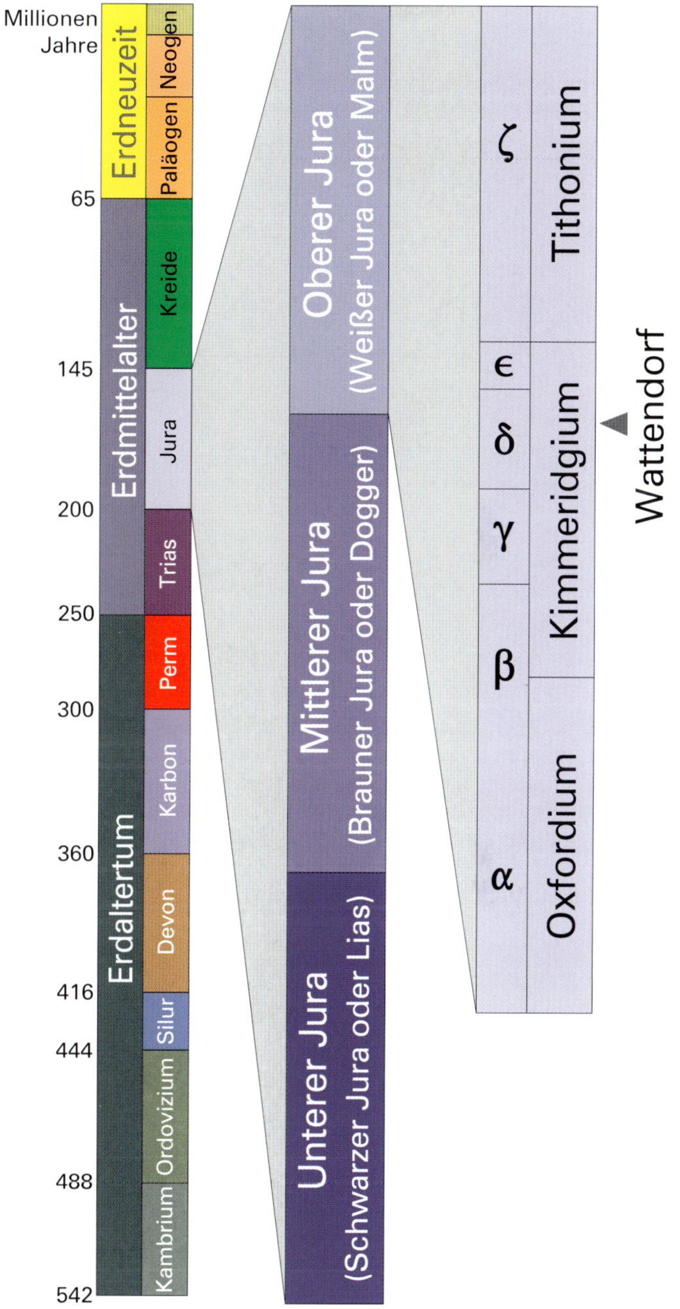

Abb 3. Stratigraphische Tabelle mit der zeitlichen Einordnung der Fossillagerstätte Wattendorf.

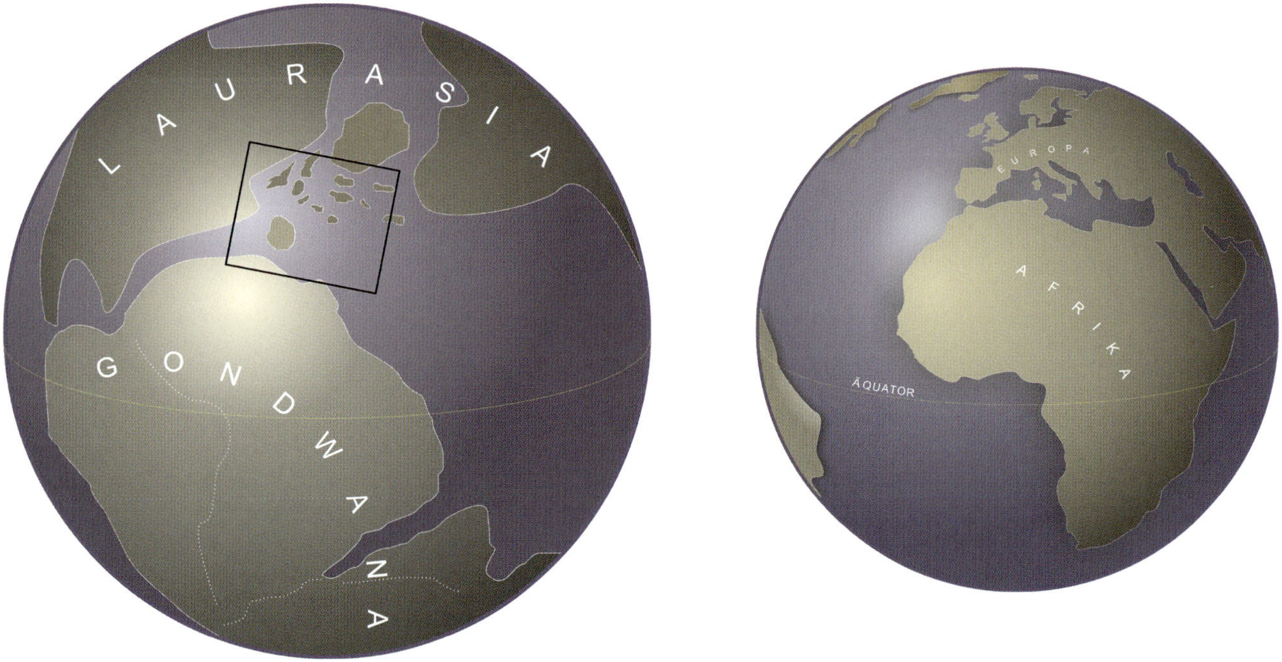

Abb. 4. Blick auf die Erde zur Zeit des Oberen Jura. Die zwei Landmassen Laurasia und Gondwana sind durch das Auseinanderbrechen des früheren Superkontinents Pangäa entstanden. Das Rechteck umrahmt die europäische Region und markiert den Ausschnitt der Abb. 5. Im Vergleich ein Erdglobus mit der heutigen Anordnung der Kontinente.

dem heutigen *Nautilus* und den Tintenfischen verwandte Kopffüßer, die ein spiraliges Kalkgehäuse besaßen (ihr rascher, stetiger Formenwandel wird es 150 Millionen Jahre später den Paläontologen und Geologen erlauben, anhand der charakteristischen Gehäuseformen dieser sich schnell entwickelnden Arten, verschiedene Gesteinsschichten auch auf große Distanzen zeitlich zu parallelisieren). Aber auch andere Stämme wirbelloser Tiere vermochten sich bestens zu entfalten. Die Fische erlebten im Jura-Meer ihre revolutionäre Entwicklung von den eher unbeweglichen und gepanzerten Schmelzschuppern zu den wendigen und schnellen modernen Knochenfischen. Wie an Land herrschen aber auch in den Ozeanen die Reptilien. Delfinförmige Fischsaurier, Krokodile, langhalsige Plesiosaurier und über 10 Meter lange Pliosaurier durchstreiften die Meere auf der Suche nach Beute.

Am Nordrand der Tethys

Nicht genug damit, dass sich dort, wo wir heute trockenen Fußes spazieren gehen, einstmals ein Meer erstreckte, und dass sich in diesem Meer fremdartige Lebewesen bewegten; Franken (das es in dieser Form zur Jura-Zeit natürlich nicht gab) lag geographisch auch noch in anderer Position als heute. Wer jetzt an einem kühlen Oktobertag im Wattendorfer Steinbruch steht, kann sich bei dem rauen Klima, wie es auf den Höhen der Alb oft herrscht, kaum vorstellen, dass die weißen Kalksteine in einem Meer unter subtropischer Sonne entstanden sind. Befindet sich der Wattendorfer Steinbruch heute ganz in der Nähe des 50. Breitengrads, lag Franken zur oberen Jura-Zeit noch zwischen dem 25. und 30. Breitengrad. Also etwa auf Höhe der heutigen Kanarischen Inseln. Nur rund 500 km weiter südlich erstreckte sich jener Riss in der Erdkruste, an dem sich Nord- und Südkontinent voneinander trennten und zunehmend auseinanderdrifteten.

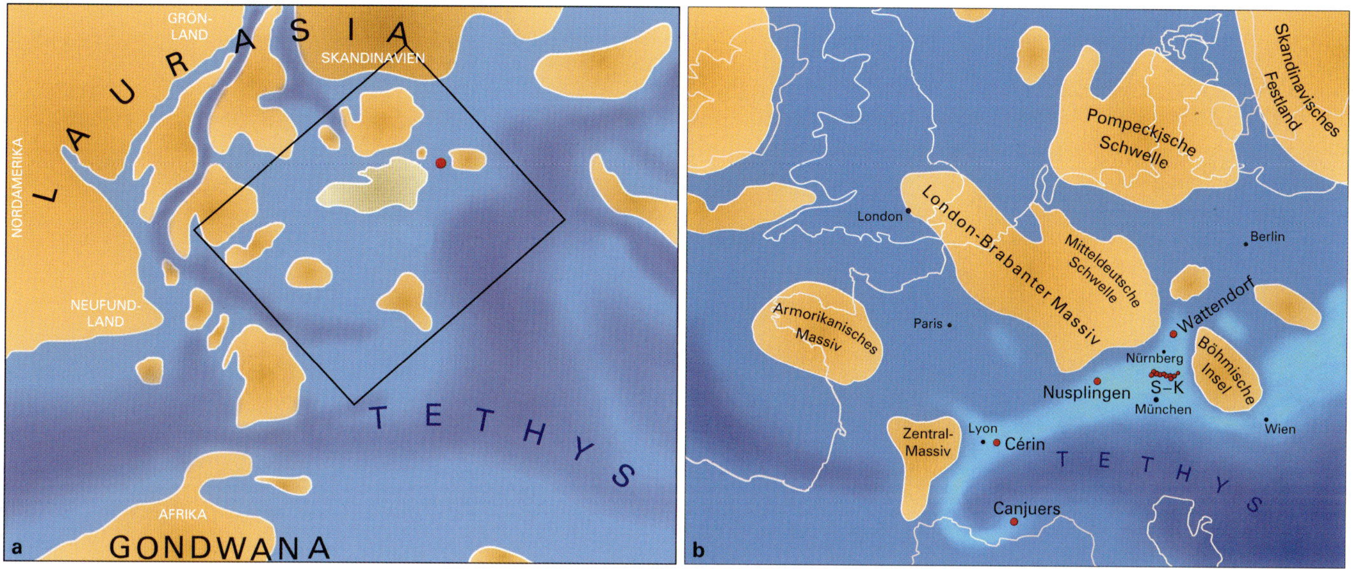

Abb 5. a. Während der oberen Jura-Zeit glich Europa einem Inselarchipel. Der rote Punkt markiert die ehemalige Lage Frankens. Das Rechteck umreißt den Kartenausschnitt b. **b**: Höhere Gebiete (ocker) ragten als Inseln über den Meeresspiegel. Ein breiter Gürtel aus Mikroben-Schwamm-Riffen (hellere Schattierung) begrenzte die Tethys nach Norden. Rote Punkte markieren die bekannten Vorkommen fossilreicher Plattenkalke (S–K = Solnhofen bis Kelheim).

Der stetige Meeresspiegelanstieg während der Jura-Zeit erreichte gegen Ende dieses Erdzeitalters seinen Höhepunkt. Die Tethys schwappte über ihre Küsten und flutete die tiefer gelegenen Gebiete der Festländer. Bis auf einige größere und kleinere Inseln war auch Mitteleuropa von einem flachen Meer bedeckt (Abb. 5). Dieses »epikontinentale« Schelfmeer war warm und sonnendurchflutet. Aus der Tethys strömte kalkreiches Tiefenwasser auf den Schelf, auf dem sich unter trocken-heißem Klima mächtige Kalkablagerungen bilden konnten.

Riffe und Lagunen

Schon während der frühen Oberjura-Zeit bildeten sich auf dem mitteleuropäischen Schelf gebietsweise kleinere Riffareale aus Kieselschwämmen. Dichter Mikrobenbewuchs sorgte durch die Ausscheidung von Kalkkrusten für die Festigung abgestorbener Schwämme und schuf damit permanent einen kompakten Untergrund für das Wachstum neuer Schwammgenerationen. Das Schwammwachstum breitete sich entlang der Nordküste der Tethys zunehmend aus. Es entstanden großflächige »Schwammrasen«, über den Meeresboden aufragende Mikroben-Schwamm-Riffe und weitgespannte Riffgürtel. In besonders seichten Arealen konnten sich auch Korallenkolonien ansiedeln. Zwischen den massigen Riffen blieben gebietsweise lagunenartige Senken übrig, in denen sich Kalkschlamm in ebenen Schichten ablagern konnte. In diesen Senken, oder Wannen wie der Geologe sagt, entstanden die »Solnhofener Plattenkalke« und auch unsere Wattendorfer Plattenkalke.

Wahrscheinlich glich die Umwelt jener Zeit in unserem Gebiet in etwa derjenigen der heutigen Malediven. Einen exakten Vergleich gibt es jedoch nicht, da heute keine Mikroben-Schwamm-Riffe in dieser Form mehr existieren.

Spezialbildung Plattenkalk

Was geschieht mit einem abgestorbenen Fisch im Meer? Zunächst sinkt er auf den Grund. Dort gibt es jedoch zahllose Organismen, denen der Kadaver sehr gelegen kommt:

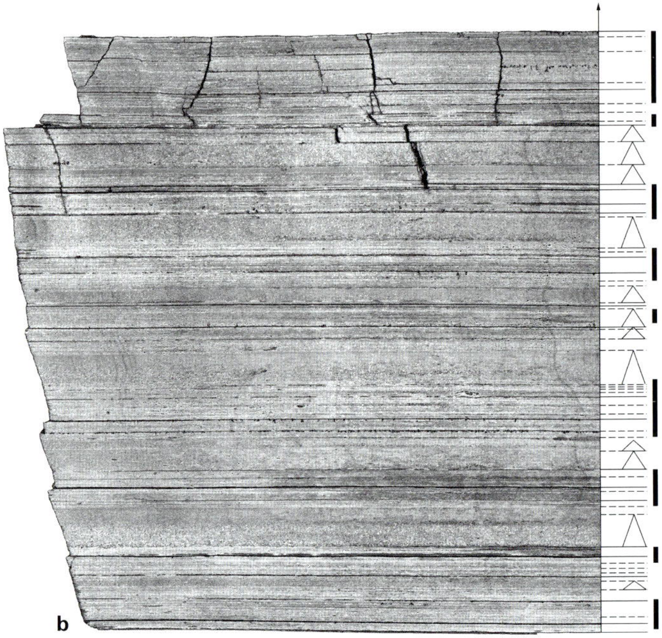

Abb. 6. a. Unter einem Plattenkalk versteht man eine Abfolge feinkörniger Kalkplatten mit meist ebenen Schichtflächen und feiner Laminierung in Inneren der einzelnen Lagen. Hier ein 15 cm dicker Schichtstapel aus einzelnen Plattenkalklagen im Wattendorfer Steinbruch (Haupt-Ausgrabungsniveau). **b.** Das gleiche Schichtpaket vertikal gesägt und poliert. So erkennt man die innere (latente) Feinschichtung einzelner Lagen.

aasfressende Fische, Muscheln, Krebse, zahlreiche andere wirbellose Tiere und Bakterien vertilgen das tote Lebewesen binnen kürzester Zeit, samt den Gräten. Bestenfalls bleiben Zähnchen übrig, die dann von der Strömung verspült werden. Derartigen Abbauprozessen ist natürlich auch eine tote Muschel ausgeliefert. Doch bleiben von ihr oft die harten Kalkschalen zurück, die größere Chancen haben, zu einem Fossil zu werden. Deshalb findet man Schalenfossilien relativ häufig, während zusammenhängende Wirbeltierskelette sehr selten sind.

Die fossile Erhaltung von Wirbeltierskeletten erfordert also besondere Bedingungen. Bei der Bildung von laminierten Plattenkalken, die sich durch eine filigrane Feinschichtung auszeichnen, herrschten solche speziellen Umstände (Abb. 6). Das süddeutsche Schelfmeer war zur oberen Jura-Zeit durch das Wachstum von Mikroben-Schwamm-Riffen stark zergliedert. Eine einsetzende Absenkung des Meeresspiegels schnürte durch die dabei entstehenden Seicht- und Inselgebiete dazwischenliegende Meeresteile vom ständigen Wasseraustausch mit dem offenen Meer ab. Fehlender Wasseraustausch und Strömungsarmut führten zu einer Stagnation des Bodenwassers und zu Sauerstoffarmut am Grund. Gleichzeitig war dieses sauerstoffarme Tiefenwasser mit einem extremen Salzgehalt beladen. Diese Wasserschichtung erschwerte zusätzlich noch den Austausch von Tiefen- und Oberflächenwasser. Somit wurde die Bodenzone der Lagunen lebensfeindlich. Bestenfalls bestimmte Mikroben konnten dort existieren. Jedoch gab es keine Organismen, die eingeschwemmte und abgesunkene Tierleichen und Pflanzenreste hätten zersetzen können. Stattdessen wurden toten Organismen von Mikrobenmatten überwuchert und damit gleichsam versiegelt und schließlich mit absinkendem Kalkschlamm zugedeckt.

B. Zur Entdeckungsgeschichte der Wattendorfer Plattenkalke

Wattendorf liegt im nördlichsten Abschnitt der Nördlichen Frankenalb, auch Obermainalb genannt. Knapp 120 Kilometer weiter südlich, bei Brunn in der Oberpfalz, liegt das nördlichste der bisher bekannten Vorkommen fossilreicher Plattenkalke (Röper 1996). Dazwischen treten geschichtete Kalke der höheren Oberjura-Schichten nur noch vereinzelt auf. Das liegt daran, dass diese hohen Schichtglieder weitestgehend der Verwitterung anheim gefallen sind. Gegen Norden wurde die Region durch Erdkrustenbewegungen höher emporgehoben als im Süden, und deshalb auch entsprechend tiefer abgetragen. Finden sich dennoch solche Gesteine, so handelt es sich um kleinräumige, in tektonischen Mulden eingesenkte und deshalb von der Erosion verschonte Vorkommen. Über ein solches Vorkommen, nämlich das von Wattendorf, wurde bereits vor 150 Jahren aufmerksam gemacht.

Im Auftrag des Königs – ein Geologe geht auf Reisen

Im Jahr 1849 beauftragte Seine Majestät König Max II. die Bayerische Akademie der Wissenschaften mit der naturwissenschaftlichen Erforschung des Königreichs (Sperling 2001). Ziel sollte es sein, neue und verlässliche geologische Karten zu schaffen, die in erster Linie zur Auffindung und Verwertung diverser Bodenschätze dienen sollten. Die seinerzeit zuständige Fachbehörde war die Königliche General Bergwerks- und Salinen-Administration. Diese wiederum beauftragte im Jahr 1851 den jungen Geologen Carl Wilhelm Gümbel (1823-1898) mit der Leitung und Durchführung des Projektes. Mit der Unterstützung nur weniger Hilfskräfte durchwanderte Gümbel ganz Bayern und trug alle geologischen Fakten zusammen. Eine immense Leistung, die ihm bis heute den Ruf als bedeutendster Geologe Bayerns bewahrt hat. Die Ergebnisse fasste er in vier umfangreichen Bänden (insgesamt über 3300 Seiten) und zahlreichen Kartenblättern zusammen, die der Reihe nach in den Jahren 1861 bis 1891 erschienen. Im Jahr 1863 kartierte er die Umgebung von Wattendorf. Gümbel schreibt dazu unter anderem:

»Das jüngste Glied der Malmschichten, welches in dieser nördlichen Gegend über dem Frankendolomit noch auftaucht, gewinnt zwischen Wattendorf, Mährenhüll und Rothmannsthal eine ziemlich beträchtliche Ausdehnung, lässt sich aber meist nur an zahlreichen, über die Oberfläche ausgestreuten Gesteinsbrocken erkennen. Dünne Platten eines dichten, weissen Kalkes erinnern lebhaft an die Solenhofener Schichten und vereinzelt vorkommende Einschlüsse von Krebsen bestätigen die Zugehörigkeit derselben zum Krebssche(e)renkalke.«

Hier liegt also ein erster Hinweis auf Gesteinsbildungen des oberen Malm vor, die gewisse Vergleiche mit den Solnhofener Plattenkalken zulassen. Ähnlich hoch gelegene Schichtkalke des oberen Malm aus der Mittleren und Nördlichen Frankenalb wurden später noch von anderen Autoren beschrieben: Schichtkalke am Poppberg im Landkreis Amberg-Sulzbach, der Bronner Plattendolomit im Veldensteiner Forst und bei Wiesentfels/Nähe Hollfeld.

Die »Wiederentdeckung« der Wattendorfer Plattenkalke

Der große Wattendorfer Steinbruch der Firma Andreas Schorr (Abb. 7) wurde in den 1970er Jahren angelegt. Wie später bei der Beschreibung des Steinbruchs noch dargelegt wird, richtet sich der Abbau auf den massigen Riffdolomit und ferner auf den überlagernden »Wattendorfer Kalk«. Im Jahr 2000 riss der Bagger Gesteine im Liegenden (also unterhalb) des Wattendorfer Kalks an. Dabei kam eine in dem Steinbruch bislang nicht wahrgenommene Gesteinsart zum Vorschein: ebengeschichtete, feinlaminierte Plattenkalke. Da dieses Gestein nicht die für die industrielle Verwendung notwendigen Anforderungen erfüllt, schritt der Abbau an dieser Stelle nicht weiter voran. Im gleichen Jahr fand die 70. Jahrestagung der Paläontologischen Gesellschaft in Coburg statt. In diesem Zusammenhang stellte Professor Wolfgang Schirmer (Geographisches Institut der Universität Düsseldorf) eine Exkursionsroute zusammen, die den Jura am Obermain zum Thema hatte. Der Wattendorfer Steinbruch war dabei eines der Exkursionsziele. In dem publizierten Exkursionsführer (Schirmer 2000) werden die für diese Region ungewöhnlichen Gesteine erstmals folgendermaßen erwähnt:

Abb. 7. Luftbild des Wattendorfer Steinbruchs. Im Hintergrund die Ortschaft Wattendorf (Foto: Adolf Nüsslein).

»15 cm Plattenkalkstein (Blätterflinz) von einem bis einigen mm Stärke, braungrau, zum Teil papierschieferartig, mit, zum Teil organischen, Fossilabdrücken.«

Im Jahr 2002 schließlich besuchte der geowissenschaftliche Präparator des Naturkunde-Museums Bamberg, Thomas Bechmann, bei einem sonntäglichen Geländegang den Steinbruch. Dabei stieß er auf die Plattenkalke. Jedoch nicht an der bereits erwähnten, vom Bagger freigelegten Abbaustelle, sondern an einer anderen Stelle des Steinbruchs, an der vergleichbare Gesteine angeschnitten waren. Hier fand er plattigen Gesteinsschutt. Aufgrund seiner langjährigen Erfahrung mit den örtlichen geologischen und paläontologischen Gegebenheiten erkannte er die Besonderheit des Gesteins. Bereits nach kurzer Suche konnte er erste Fossilien bergen: Krebsreste, Reste kleinerer Knochenfische und das Bruchstück eines metergroßen Fisches. Bald nachdem er die geborgenen Funde im Museum vorgelegt hatte, wurde Kontakt mit dem Eigentümer des Steinbruchs aufgenommen und die Erlaubnis für wissenschaftliche Grabungen eingeholt.

C. Der Steinbruch

Der Steinbruch der Firma Andreas Schorr GmbH & Co. KG liegt nur wenige Hundert Meter nordwestlich der Ortschaft Wattendorf . Das Abbauareal samt Aufbereitungsanlagen, Werkstätten und sonstigen Gebäuden bedeckt derzeit eine Fläche von rund 22 Hektar. In keinem anderen Steinbruch der Nordalb kann man die komplizierten geologischen Verhältnisse, die sich durch das Nebeneinander und die Verzahnung der unterschiedlichen Gesteinsausbildungen des Oberen Jura ergeben, so gut studieren wie in diesem großartigen Aufschluss.

Lagerungsverhältnisse und Gesteine

Der Abbau teilt sich räumlich in zwei Bereiche. Im nördlichen Areal wird Dolomit abgebaut, im südlichen Areal richtet sich der Abbau auf den geschichteten Wattendorfer Kalk. Unterhalb des Wattendorfer Kalks sowie an der Kontaktstelle zum Dolomit des nördlichen Areals schiebt sich eine dritte Gesteinsausbildung zwischen Dolomit und Wattendorfer Kalk. Es handelt sich dabei um fein geschichtete Dolomite und Plattenkalke.

Die schematische Abb. 8 soll die durchaus komplizierten Verhältnisse erläutern: Prinzipiell lassen sich die Gesteine im Wattendorfer Bruch in drei Gesteinstypen unterscheiden: massiger Riffdolomit, fein geschichtetes Gestein und dickbankiger Wattendorfer Kalk. Der massige Dolomit stellt das zu festem Gestein gewordene Mikroben-Schwamm-Riff dar. Wie überall in der Frankenalb präsentiert er sich als meist blaugraues, grobkristallines, Gestein mit mehrmeterdicker Bankung. Nester- und lagenweise angereichert finden sich die Hohlräume herausgelöster Brachiopoden und Muscheln. Zahlreiche faustgroße Hohlräume sind mit Kalzitkristallen ausgekleidet. Er bildet im gesamten Steinbruchareal die Basis der überlagernden Schichtgesteine. Im Zentrum des nördlichen Areals befand sich eine mächtige Riffkuppel, deren Kern bereits abgebaut ist. Der südwestliche Rand der Kuppel fällt mit bis zu 50 Grad steil ein, biegt sich unter dem südlichen Areal in die Horizontale und steigt an dessen südlichem Ende wieder sanft an.

In die entstandene Muldung schmiegen sich fein geschichtete Gesteine ein, die das Relief ihrer Basis beträchtlich nivellieren. Der Kontakt der fein geschichteten Gesteine zum steilen Riffhang gestaltet sich differenziert. Im unteren Drittel geht die Schichtung kontinuierlich in den Riffdolomit über und verliert sich darin. Einige Meter darüber lagern sich die Schichten zunehmend an die Hangneigung an, indem sie selbst ansteigen, an die Riffoberfläche stoßen und dort enden (Dirkordanz). Noch weiter oben passt sich der Grad der Steigung endgültig der Riffoberfläche an, bis sich die Schichten nahe dem Top der Kuppel wie ein Tuch über diese legen, und ihre Mächtigkeit (wahrscheinlich) gegen Null geht.

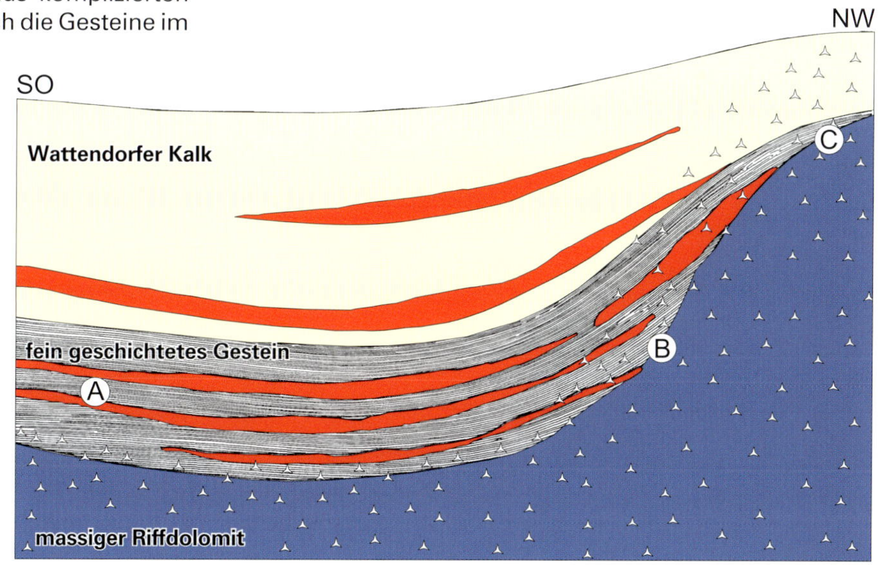

Abb. 8. Schematischer Schnitt durch die verschiedenen Gesteinstypen des Wattendorfer Steinbruchs. A, Lage der Grabungsflächen; B, Fortlaufen der Schichtung in den Riffdolomit; C, Parallele Überlagerung des Riffs mit geschichteten Gesteinen. Die Sternchen markieren die dolomitisierten Bereiche. Rot markiert sind Riffschuttlagen. Weitere Erläuterungen im Text.

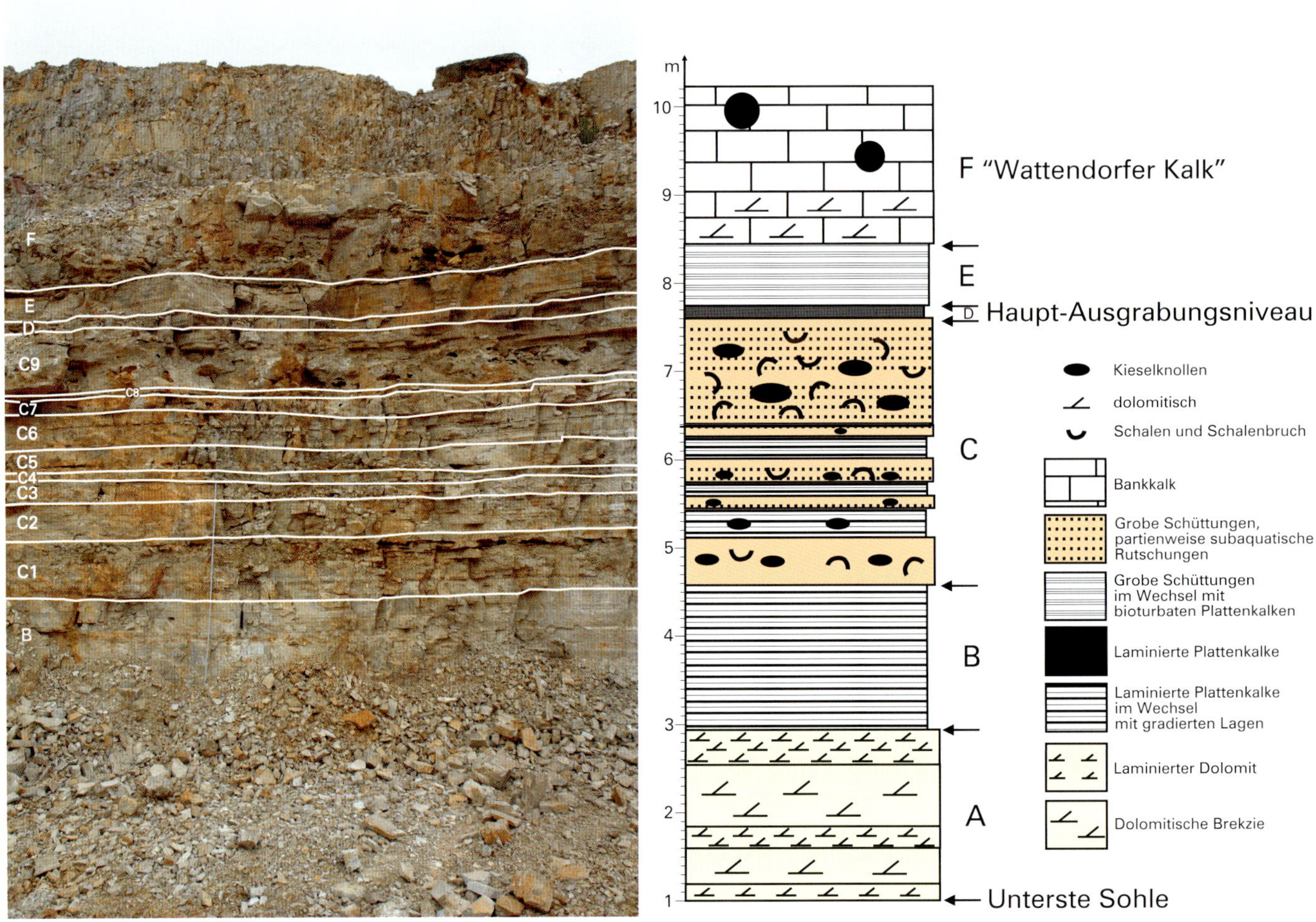

Abb. 9. Steinbruchwand im südlichen Areal. Die schematische Gliederung verdeutlicht, dass die Abfolge fein geschichteter Plattenkalke durch dicke Bänke und Schichten aus Riffschutt unterbrochen wird.

Ähnlich verhält es sich mit dem Wattendorfer Kalk, der sich als ziemlich homogener, reiner, splittrig brechender Kalk präsentiert. In die dezimeter- bis meterstarken Bänke sind bis zu kopfgroße Kieselkonkretionen (manchmal lagenweise) eingelagert. Da das unterlagernde Relief jedoch durch die Ablagerung der fein geschichteten Gesteine zu einem beträchtlichen Teil ausgeglichen war, steigt er nicht mehr so steil gegen das Riff auf. Die Bänke stoßen diskordant an die Oberfläche der fein geschichteten Gesteine, die darüber liegenden Bänke borden schließlich über die unterlagernden Gesteine hinweg.

Sowohl in die fein geschichteten Gesteine als auch in den Wattendorfer Kalk schieben sich nicht selten mehr oder weniger dicke Bänke aus Riffschutt. Zusätzlich kompliziert wird die Interpretation der Lage noch durch die so genannte »Dolomitisierung« der Gesteine. Darunter versteht man die Umwandlung von Kalk (Kalziumkarbonat) in Dolomit (Kalziummagnesiumkarbonat) unter Zufuhr von Magnesium, das ursprünglich aus dem Meerwasser stammt. Die Mikroben-Schwamm-Riffe des fränkischen Oberjura unterlagen in der Regel dieser Dolomitisierung. Das bedeutet, dass durch

Abb.10. Das Betriebsgelände des Wattendorfer Steinbruchs. **a**. Blick vom nördlich gelegenen Dolomitabbau in Richtung der Aufbereitungsanlagen. **b**. Jeder Aufbereitungsprozess beginnt mit der Sprengung an der Steinbruchwand. **c**. In dieser Anlage wird das Material durch verschiedene Zerkleinerungs- und Veredelungsprozesse in die gewünschten Korngrößen und Produkte überführt. **d**. Blau-Weiß – wie der blaue Himmel über dem hellen Wattendorfer Kalk – Spezialfahrzeuge aus dem Fuhrpark der Firma.

Zufuhr von Magnesium in den Porenwässern aus dem ursprünglichen Riffkalk Riffdolomit wurde. Dies spielte sich nach der Entstehung des Riffs ab. Häufig wurden dabei auch die umgebenden Gesteine »mitdolomitisiert«. Im Wattendorfer Steinbruch äußert sich das dadurch, dass sowohl fein geschichtete Gesteine als auch Wattendorfer Kalk im gesamten nördlichen Abbauareal als Dolomit vorliegen. Die Dolomitisierung hat sich offensichtlich wie eine Aureole in der Umgebung des Riffs manifestiert.

Dass die Situation im Detail durchaus komplexer ist als in dem eben geschilderten vereinfachten Schema, zeigt ein Detailprofil in den fein geschichteten Kalken des südlichen Abbauareals (Abb. 9), dort wo bisher die Grabungen erfolgt sind.

Eine Interpretation der Lagerungsverhältnisse wird in Zusammenschau mit den paläontologischen Befunden in Kapitel F skizziert.

Reichhaltige Produktpalette

Wer glaubt, aus den Gesteinen der Jura-Zeit könne man lediglich Straßenschotter gewinnen, der irrt. Die unterschiedlichen Gesteinstypen und deren chemische Zusammensetzung halten eine vielfältige Produktpalette parat.

Wattendorfer Kalk und Riffdolomit zeichnen sich durch ihre hohe chemische Reinheit aus. Das heißt, sowohl der Kalk (Kalziumkarbonat) als auch der Dolomit (Kalzium-Magnasiumkarbonat) besitzen kaum chemische Verunreinigungen, wie etwa feinverteilte Eisenminerale oder andere »Beimengungen«. Daraus ergeben sich die unterschiedlichsten industriellen Anwendungsmöglichkeiten, die von der Firma Schorr genutzt und angeboten werden:

- Hochreine Kalkbrech- und Dolomitbrechsande für die Glasindustrie,
- Fein gemahlene Kalksteinmehle als Füllstoff für die Kunststoffindustrie,
- Fein gemahlene Kalksteinmehle für Rauchgasreinigungsanlagen,
- Kalkstein als Zuschlag für Stahlwerke und Gießereien,
- Kalksteinmehle als Zuschlagstoff für Beton und Asphalt,
- Fein gemahlene Kalksteinmehle und Brechsande für die Putzindustrie,
- Gebrannter Kalk für die Zuckerraffinierung,
- Kohlensaure Kalke für Düngezwecke.

Außerdem werden im Wattendorfer Steinbruch Dolomitbruchsteine für Landschafts- und Gartenbau sowie für Uferverbauungen gebrochen, ferner Schotter und Splitt für Straßen-, Kanal- und Wegebau.

1948 wurde die Firma von Herrn Andreas Schorr als Fuhrunternehmen gegründet. Später kamen Steinbruchbetriebe in den Haßbergen hinzu. Ende der siebziger Jahre erkundete Helmut Schorr, als Nachfolger des Firmengründers, den Wattendorfer Steinbruch. Heute verfügt das mittelständische Unternehmen neben diesem Steinbruch über ausgedehnten Sand- und Kiesabbau im Maintal, über ein Transport-Betonwerk und über einen umfangreichen Fuhrpark an modernsten Kipp-, Silo- und Betonmischfahrzeugen (Abb. 10).

D. Vom Steinbruch zum Museum

Bevor die erste systematische Grabung erfolgen konnte, mussten Voruntersuchungen durchgeführt werden, um ein technisch realisierbares und gleichzeitig – bezogen auf mögliche Fossilfunde – vielversprechendes Grabungsareal aussuchen zu können. Schließlich wurde aus dem Profil ein nur 15 cm dickes Plattenkalkpaket (Horizont D) ausgewählt (Abb. 9). Diese Auswahl erfolgte einerseits deshalb, weil sich in diesen sehr eben geschichteten, gut spaltbaren Plattenkalken ein hohes Fossilaufkommen abzeichnete, andererseits, weil dieser Horizont der einzige war, der ohne mächtige Überdeckung dem Verlauf einer Abbausohle folgte und deshalb als einziger Horizont großflächig freigelegt werden konnte.

Fünf Grabungskampagnen

(Abb. 11)

Die erste Grabungskampagne konnte Anfang September 2004 begonnen werden. Bereits zu Anfang wurde ein Grabungsmodus erarbeitet, der sich als praktisch erwies und der in allen folgenden Grabungen beibehalten wurde: Die Grabungsfläche wird durch Betriebsangehörige mit dem Bagger von überdeckenden Schichten weitgehend befreit. Die direkt auflagernde Schicht wird dabei ausgespart und anschließend von Hand entfernt. Danach kann die Grabungsfläche gesäubert werden. Da der nun freiliegende 15 cm dicke Plattenkalkstapel durch zahllose natürliche Klüfte, vertikale Versätze und »zusammenbackende« Kalkabsonderungen nicht durchgehend Schicht für Schicht abgehoben werden kann, müssen oft mehrere Zentimeter des Schichtpakets zusammenhängend herausgelöst und danach aufgespaltet

Abb. 11. Eindrücke von der Grabungsarbeit. **a**. Grobes Freilegen einer Fläche des Profilabschnitts D mit dem Bagger unter Belassung der untersten Schichten von Profilabschnitt E. **b**. Nach der Entfernung der letzten überlagernden Schichten mit kleinem Werkzeug liegt eine Grabungsfläche im Haupt-Ausgrabungsniveau D zur Untersuchung frei. **c**. Einzelne Lagen werden möglichst großflächig aufgespaltet. **d**. Bei der Bergung eines größeren Fossils (hier ein Engelhai im Inneren der Schichten), wird das gesamte Fundareal mit einem nummerierten Gitternetz markiert, um das Zusammensetzen der zahlreichen durch natürliche Klüfte erzeugten Bruchstücke bei der Präparation zu erleichtern.

werden. Dabei muss genauestens auf den Querbruch geachtet werden, da sich, zumindest größere Fossilien, dort als feine Verfärbungen verraten. Alle Funde werden nummeriert, mit Markierungen für Schichtober- und Unterseite versehen und in das Grabungsbuch eingetragen.

Während der ersten Grabungskampagne wurden die meisten der aufgedeckten Fossilien geborgen, auch winzige Fischschuppen und Koprolithen (fossiler Kot verschiedenster Tiere). Diejenigen Fossilien, die aufgrund des massenhaften Auftretens nicht mitgenommen werden konnten, wurden im Grabungsbuch als »gefunden und nicht geborgen« notiert.

Abb. 12. a. Bergung der größeren der beiden bislang entdeckten kompletten Schildkröten. Das Bergungsgut setzt sich aus rund einem Dutzend größerer Plattenstücke und Hunderten von Kleinteilen zusammen. **b**. Dasselbe Fossil nach der Präparation – eine außerordentliche Rarität, ein wissenschaftlich sehr interessantes Stück und ein höchst ästhetischer Anblick. Zwischen beiden Bildern liegen rund 400 Stunden Präparationsarbeit.

Insgesamt wurden rund 3500 Objekte im Grabungsbuch aufgelistet. Die umfassende Dokumentation hatte den Sinn, eine statistische Auswertung der vorkommenden Fossilien durchführen zu können (Fürsich et al. 2007).

Natürlich ist es nicht möglich, jeden kleinsten Organismenrest oder jede Lebensspur in die Sammlung aufzunehmen. Auf diese Weise würden bei mehreren Grabungen rasch viele Zehntausende Einzelstücke zusammenkommen. Dies wäre sinnlos und aufgrund der beengten Archivierungsverhältnisse sowieso nicht machbar. Deshalb beschränkten wir uns bei den folgenden vier Grabungskampagnen von 2005 bis 2008 auf die Mitnahme solcher Fossilien, die entweder neue Faunenelemente darstellten, oder qualitativ besonders gute Exemplare bereits vorhandener Arten waren. Wirbeltiere werden grundsätzlich mitgenommen, auch wenn es sich nur um Fragmente z.B. des relativ häufigen Knochenfisches *Tharsis* handelt.

Aufwändige Präparation

Leider muss man sich von der Vorstellung verabschieden, man fände im Steinbruch ein Fossil, packe es ein, wasche es ab und stelle es im Museum in die Vitrine. Gerade für die Wattendorfer Fossilien – wie im Übrigen auch für Fossilien aus anderen Plattenkalklagerstätten – trifft dies ganz und gar nicht zu. Der Wattendorfer Plattenkalk ist engräumig von einem Netz natürlicher Brüche durchzogen. Kaum ein größeres Fossil, beispielsweise vom Kaliber eines 20 cm langen Fisches, liegt unversehrt ohne natürlichen Bruch auf einer primär intakten Platte. Oft verursachen Brüche, die sich kreuzen, ein Scherbengemenge im Millimeterbereich. Zudem bilden natürliche Brüche, oder noch mehr die breiteren Klüfte, Zugangswege für sickerndes Wasser und Verwitterung. Ferner liegen die Wattendorfer Fossilien nur im Ausnahmefall genau auf einer spaltbaren Schichtfläche. Meist sind sie bei der Bergung von einer mehr oder weniger dünnen Kalkschicht bedeckt. Diese ist zu allem Überfluss manchmal auch noch härter als das Fossil selbst. Zudem zeigen Fossilien oft eine festere Verbindung zum umgebenden Gestein als zum eigenen inneren Verband.

Diese natürlichen Unzulänglichkeiten der Wattendorfer Fossilien verursachen zunächst eine zeitintensive, komplizierte Bergung, die sich über Stunden, bei großen Fossilien sogar über Tage hinziehen kann. Noch schwieriger und langwieriger schlagen sie bei der Freilegung im Präparationslabor zu Buche: Bruchkanten müssen sandgestrahlt werden, um haftfähige Klebeflächen zu erzeugen, kleinste Splitter gilt es in den Zusammenhang zu bringen, poröse Partien bedürfen bei der Freilegung permanenter Härterzufuhr, überdeckende Kalkschichten müssen schonend entfernt werden. Letzteres gelingt natürlich nicht mit Hammer und Meißel. Sogar der Kompressor-betriebene feine Druckluftstichel darf in unmittelbarer Umgebung des Fossils wegen Erschütterungsgefahr nicht mehr verwendet werden. Was bleibt sind dann feinste Schaber und Präpariernadeln, die unter dem Stereomikroskop bei hoher Vergrößerung gehandhabt werden. Um die allerfeinsten Details kleiner, fragiler und aufgrund ihrer Seltenheit besonders wertvoller Fossilien – beispielsweise der kleinen Wattendorfer Brückenechse *Leptosaurus* (Abb. 52) – freizulegen, muss das millimeterkurze Stück einer Schweineborste (!), das an eine Präpariernadel geklebt wird, dazu dienen, schonend die letzten »Zahnbeläge« zu beseitigen. Natürlich muss der Präparator über die anatomischen Details des freizulegenden Fossils Bescheid wissen, und vor allem auch auf unerwartete Lagerungsverhältnisse einzelner Skelettelemente gefasst sein, um nicht unversehens das Fossil zu beschädigen. Außerdem muss der Präparationsfortschritt ständig mit dem Einsatz von UV-Licht kontrolliert werden, da man unter dieser Bestrahlung eventuelle Weichteilerhaltung erkennen kann (s. S. 48 f.).

Insofern überrascht es nicht, dass eine kompetente Präparation viel Zeit erfordert. Die vom Präparator des Naturkunde-Museums Bamberg, Thomas Bechmann, präparierte große Wattendorfer Schildkröte ist hierfür ein Beispiel (Abb. 12, 50). Die Kunst des fachgerechten Präparierens, die viel Einfühlungsvermögen und Geduld erfordert, beherrschen nur wenige. Neben dem Präparator des Museums konnten zusätzlich weitere Spezialisten für die Freilegung Wattendorfer Fossilien gewonnen werden (s. Danksagung).

E. Die Fossilien

Neben den geologischen Erkenntnissen, die der Wattendorfer Steinbruch für die Erforschung dieses interessanten Abschnitts der Erdgeschichte bereit hält, waren es natürlich in erster Linie die Fossilien, die den Anstoß zu den Grabungen und zur wissenschaftlichen Dokumentation gaben. Fossilien – und vor allem seltene Fossilien wie die neuen Arten von Fischen und Reptilien, wie sie in den Wattendorfer Plattenkalken geborgen werden konnten und weiterhin zu erwarten sind – stellen einmalige Zeugnisse der Erdgeschichte und der Entwicklung des Lebens dar. Fossilien geben Auskunft über den jeweiligen Stand der Entwicklung des Lebens und gleichzeitig über den Zustand der Biosphäre zum Zeitpunkt Ihres Lebens. Sie sind verlässliche Marken, die uns bei der Orientierung unserer aktuellen Entwicklung helfen. Außerdem sind sie – sozusagen als willkommene Zugabe – außerordentlich ästhetische Objekte, Kunstwerke der Natur.

Zur Häufigkeit der Fossilien in den Wattendorfer Plattenkalken

Wie bereits erwähnt gibt es unter den vergleichbaren Fossillagerstätten der Südlichen Frankenalb unterschiedlichste Vorkommen, die sich hinsichtlich ihrer Gesteinsausbildung, aber auch ihres Fossilgehalts unterscheiden. Die typischen und namengebenden Solnhofener Plattenkalke sind im Prinzip relativ fossilarm. Nur der intensiven Abbautätigkeit über Jahrhunderte hinweg verdanken wir den reichen Schatz an außergewöhnlichen Versteinerungen, einschließlich des berühmten Urvogels *Archaeopteryx*.

Die Wattendorfer Plattenkalke weisen demgegenüber eine wesentlich größere Fossilhäufigkeit auf. Während der vergangenen fünf Grabungskampagnen wurden rund 56 Kubikmeter Plattenkalk säuberlich aufgespaltet. Das ist keine sehr große Menge im Vergleich zu den geborgenen Fossilien unter denen sich neben den Tausenden von wirbellosen Tieren und Lebensspuren vier vollständige Engelhaie, Hunderte Fische beziehungsweise Fischreste, zwei vollständige Schildkröten und einige Schildkrötenreste, zwei Brückenechsen, darunter ein *Pleurosaurus*, befinden. In diesem Zusammenhang beachte man auch die Fossilplatte auf der hinteren Umschlagseite: ein Quastenflosser *Holophagus* und ein Raubfisch *Caturus* liegen in engem räumlichen Zusammenhang. In Bezug auf die Fossildichte gleichen die Wattendorfer Plattenkalke manchen Kieselplattenkalk-Vorkommen der Südlichen Frankenalb, beispielsweise denen von Schamhaupten (Viohl & Zapp, 2006). Übertroffen werden sie in dieser Hinsicht vielleicht von bestimmten Lagen in den Kieselplattenkalken von Painten.

Einbettungslage

Die Lage der Fossilien innerhalb des Sediments kann Aufschlüsse über die allgemeinen Ablagerungsbedingungen liefern. Deshalb ist es wichtig, die Einbettungslage zu dokumentieren und auszuwerten.

In den typischen Solnhofener Plattenkalken ist es üblich, dass Fossilien, die mit Weichteilen abgelagert wurden, z.B. Ammoniten, Fische und Reptilien, innerhalb eines das Fossil umgebenden Sockels liegen. Das bedeutet, dass die Oberseite einer fossilbergenden Platte über dem Fossil eine konvexe Erhebung, die Unterseite hingegen eine konkave Einmuldung aufweist. Das wird auf eine Verfestigung des umgebenden Sediments durch die Einwirkung von Verwesungslösungen und -gasen gedeutet, zu einem Zeitpunkt als das übrige Sediment noch weich war. Die spätere Setzung des Sediments wirkte sich deshalb in der bereits verhärteten Umgebung des Fossils geringer aus, wodurch die Sockelbildung entstand. Das Sediment der Wattendorfer Plattenkalke war sicherlich eine gewisse Zeit sehr weich, denn die häufig senkrecht oder schräg im Plattenkalk steckenden Belemniten-Rostren (Abb. 26) belegen, dass die stiftförmigen, spitzen Rostren beim Absinken in das frische Sediment eindrangen und dabei mehrere Schichten durchstießen. Auch eine Setzung (Kompaktion) des Sedimentes fand statt, denn die meisten Fossilien sind bis zu einem Viertel ihrer ursprünglichen Dicke zusammengepresst. Dennoch zeigen die Wattendorfer Fossilien keine Sockelbildung. Das könnte darauf hindeuten, dass die Organismen sehr schnell mit neuen Ablagerungen zugedeckt und versiegelt wurden, wodurch sich der Verwesungsprozess verzögerte und deshalb keine Verhärtung des Sediments im direkten Kontakt zu dem Organismus erfolgen konnte.

Nur selten liegen Fossilien direkt zwischen zwei gut spaltenden Schichten. Wenn das der Fall ist, befindet es sich in aller Regel auf der Unterseite der oberen Platte. Fast immer ist das Fossil dann noch von einer sehr dünnen, weißen Schicht bedeckt, bei der es sich um bakterielle Abbauprodukte der Weichteile handeln könnte. Meist liegen die Fossilien jedoch innerhalb einer Platte zwischen nicht trennbaren Schichtflächen.

Interessant ist die Einbettungsweise der stumpfkegelförmigen Schnecken *Bathrotomaria* (Abb. 22). Zu 95 % wurden sie mit der Spitze nach unten eingebettet. Dies lässt den Schluss zu, dass die Gehäuse durch starke Wellenbewegungen von den benachbarten Höhen in die Lagune eingespült wurden und dort zu Boden sanken. Physikalisch einleuchtend, sanken sie, dem geringsten Widerstand folgend, mit der Spitze nach unten orientiert ab. Dass sie am Meeresboden in dieser Position blieben, belegt, dass der Boden, in den sie sanft einsanken, weich war und dass so gut wie keine Strömungen am Grund geherrscht haben konnten. Strömungen hätten die Gehäuse gekippt.

Erhaltungszustand der Fossilien

Die Überlieferungsqualität der Wattendorfer Fossilien kann, sieht man von den Beeinträchtigungen durch die spät erfolgten Brüche und Klüfte ab, als äußerst gut bezeichnet werden. Bei den Fischen überwiegt die »fleischige« Erhaltung. Das bedeutet, dass das Schuppenkleid intakt überliefert, oft auch der Darminhalt feststellbar ist. Bei den Engelhaien kann man Tausende winziger Hautzähnchen auf der Körperoberfläche erkennen. »Grätenerhaltung«, bei der sich das Schuppenkleid vom Skelett gelöst hat, bildet die Ausnahme. Dass sich gelegentlich selbst vergängliche Weichteile erhalten haben, belegt das Fossil der Brückenechse *Leptosaurus*: Unter langwelligem UV-Licht sind deutliche Haut- und Muskelabdrücke dieses kleinen Reptils wahrzunehmen (Abb. 52). Diese Befunde belegen ebenfalls die überaus rasche Überdeckung der toten Organismen mit neuem Sediment oder Mikrobenfilmen, wodurch sie dem Zerfall entzogen wurden.

Differenzierter ist der Erhaltungszustand der wirbellosen Tiere. Die Schalen von Schnecken, Muscheln und Ammoniten zeigen eine schlechte Erhaltung. Oft sind sie nur als Schemen wahrnehmbar. Das liegt daran, dass die ursprünglich aragonitischen Schalen im chemisch aggressiven Meerwasser relativ rasch an- oder aufgelöst worden sind (Aragonit ist eine chemische Abwandlung von Kalk). Deshalb liegen hier nur mehr oder weniger deutliche Abdrücke vor. Seeigel hingegen sind nicht selten mit komplettem Stachelkleid überliefert. Das bedeutet, dass die abgestorbenen Tiere vor ihrer endgültigen Ablagerung keinen längeren Transport hinter sich gehabt haben können, denn sonst hätten sich die Stacheln von der Gehäusekapsel gelöst.

Die unterschiedlichen Lebewesen der Wattendorfer Plattenkalke

Vorbemerkung

Bezüglich der wissenschaftlichen Bestimmung der Wattendorfer Fossilien sei folgende Vorbemerkung erlaubt: Jede Art von Lebewesen wird eindeutig durch einen »Doppelnamen« gekennzeichnet. Den (voranstehenden) Gattungsnamen und den (nachfolgenden) Artnamen. Das bedeutet, dass zu einer entwicklungsgeschichtlich eng verwandten Gattung mehrere Arten gehören können. Die Gattung hat viele Merkmale, die allen Arten dieser Gattung gemeinsam sind. Eine bestimmte Art einer Gattung besitzt alle Merkmale die alle Arten dieser Gattung vereinen, zeigt jedoch einzelne Merkmale, die sie von den anderen Arten dieser Gattung abgrenzen. Das betrifft sowohl heute lebende Organismen als auch Lebewesen vergangener Erdzeitalter.

Da die Organismen der Wattendorfer Plattenkalke eine gewisse Zeit früher gelebt haben als diejenigen der anderen Plattenkalkvorkommen, ist es möglich, dass die Wattendorfer Organismen Vorläufer der späteren Lebewesen waren und sich von diesen in wesentlichen Merkmalen unterscheiden. Dies ist offensichtlich auch der Fall. Gerade bei vielen der Wattendorfer Fischfossilien hat sich gezeigt, dass es sich um neue, bisher unbekannte Arten handelt. Um eine neu entdeckte Art fundiert zu definieren, sind umfangreiche Untersuchungen der anatomischen Details notwendig. Diese Arbeit ist derzeit erst im Gang, weshalb die meisten unterschiedlichen Organismen vorläufig mit einem »sp.« hinter dem Gattungsnamen gekennzeichnet werden. Das »sp.« Steht für »Species« und bedeutet soviel wie »Art«. Das bedeutet, dieses Fossil ist eine (bislang) unbestimmte Art einer bekannten Gattung.

Aufgrund des höheren Alters der Wattendorfer Fossilien im Vergleich zu allen anderen Plattenkalkvorkommen, und der daraus resultierenden Tatsache, dass es sich in vielen Fällen um bislang unbekannte Arten handelt, kann ihre wissenschaftliche Bearbeitung wesentlich zum Verständnis der Entwicklungsgeschichte dieser Lebensformen beitragen.

Bisher konnten in den Wattendorfer Plattenkalken 111 verschiedene Formen von Lebewesen nachgewiesen werden (s. S. 59f.). In den Plattenkalkenvorkommen der Südlichen Frankenalb, speziell der typischen Solnhofener Plattenkalke, dürfte es die fünffache Anzahl verschiedener Arten sein. Diese hohe Zahl spiegelt jedoch die Funde des jahrhundertelangen, intensiven Abbaus wider. Auch in den Wattendorfer Plattenkalken wird sich die Artenzahl erheblich erhöhen, falls weitere Grabungen durchgeführt werden können. Vor allem bei den Wirbeltieren ist dies zu erwarten.

Pflanzen (Plantae)

Meerespflanzen sind in den Wattendorfer Plattenkalken bislang durch fünf verschiedene Formen belegt. Die Wirtelalgen sind von besonderem Interesse (Abb. 13). Komplette Exemplare kennt man bislang nur aus den Plattenkalken von Cerin, aus Schamhaupten und neuerdings vor allem aus Brunn. Nur aus letzterer Fundstelle sind sie häufiger überliefert. In Wattendorf gehören sie eher zu den seltenen Fossilien. Die Wirtelalgen waren, da sie zu ihrem Stoffwechsel auf Licht angewiesen sind, Bewohner des gut durchlichteten Flachwassers. Ihr Lebensraum lag auf den seichten Höhen um die Wattendorfer Lagune, von denen sie bei starkem Wellengang losgerissen und verdriftet wurden.

Nicht selten finden sich dünne, mehrere Zentimeter lange, verschlungene »Fäden« (Algae sp. A), die sich befriedigend nur als Algenfäden erklären lassen. Manchmal bilden sie regelrechte Knäuel. Derartige Gebilde finden sich in vielen Plattenkalkvorkommen der Südlichen Frankenalb relativ häufig. Eine andere, stark verzweigte und in zarten »Ästchen« endende Form dürfte ebenfalls zu den Algen gehören (Abb. 14). Früher wurden solche Gebilde unter dem Namen »*Phyllothallus*« gefasst und meist den Algen, von anderen Wissenschaftlern den Schwämmen zugeordnet. An »*Phyllothallus*«-Fossilien aus den Nusplinger Plattenkalken wurde nachgewiesen, dass es sich bei diesen um Schwämme der Gattung *Codites* handelt. Den Schwamm *Codites* gibt es auch in den Wattendorfer Plattenkalken. Diese besitzen

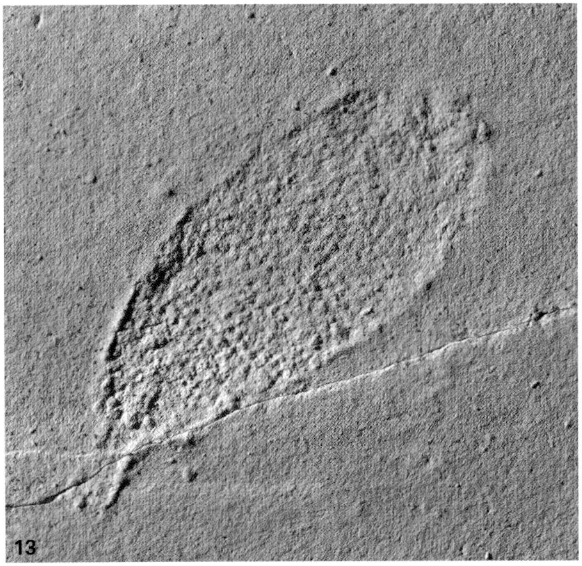

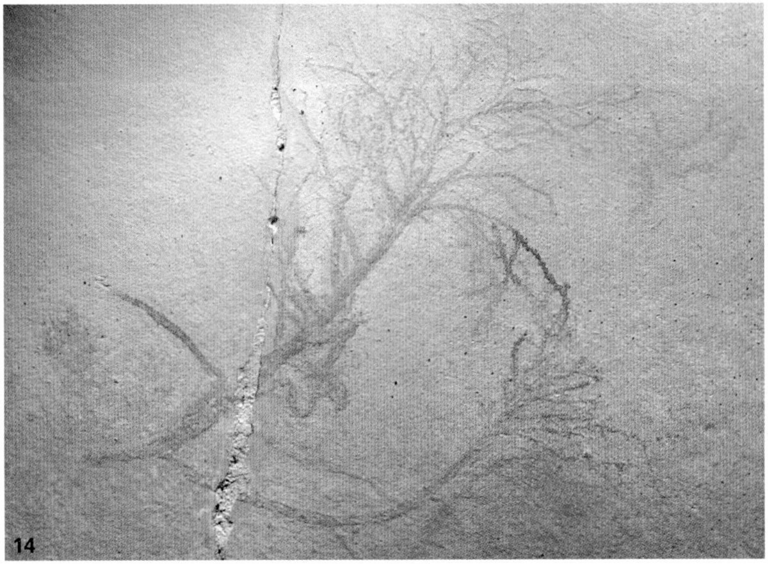

Abb. 13. Die Wirtelalge *Goniolina* sp. Länge 6,3 cm.

Abb 14. Seetang »*Phyllothallus*«. Höhe des Bildausschnitts 11 cm.

Abb. 15. Zweig des Nadelholzgewächses ?*Brachyphyllum* sp. Länge des erhaltenen Zweigs 12 cm.

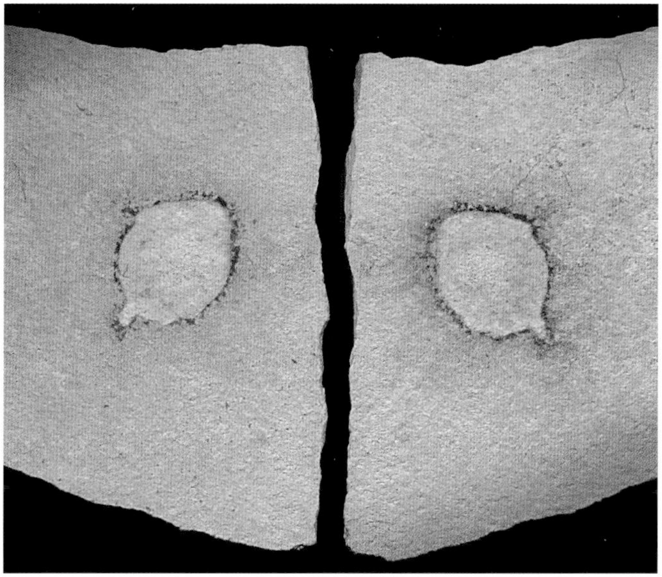

Abb. 16. Abdruck und Gegendruck des Zapfens einer unbekannten Konifere. Länge des Zapfens 1,2 cm.

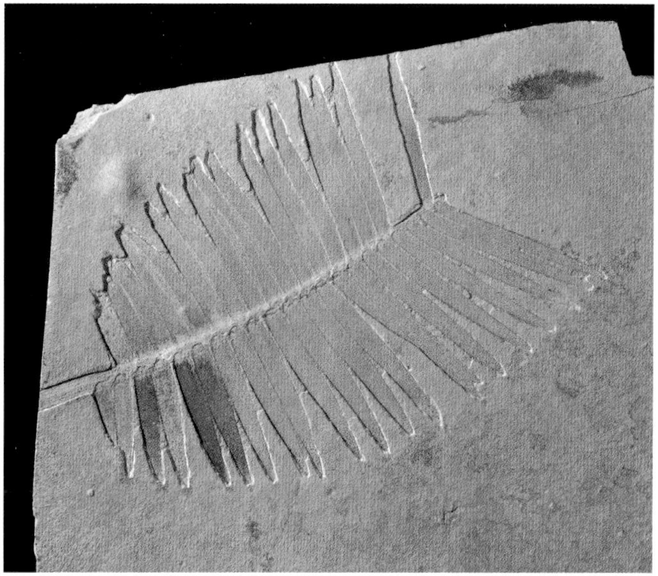

Abb. 17. Wedel der Bennettitee *Zamites* sp. Länge 22 cm.

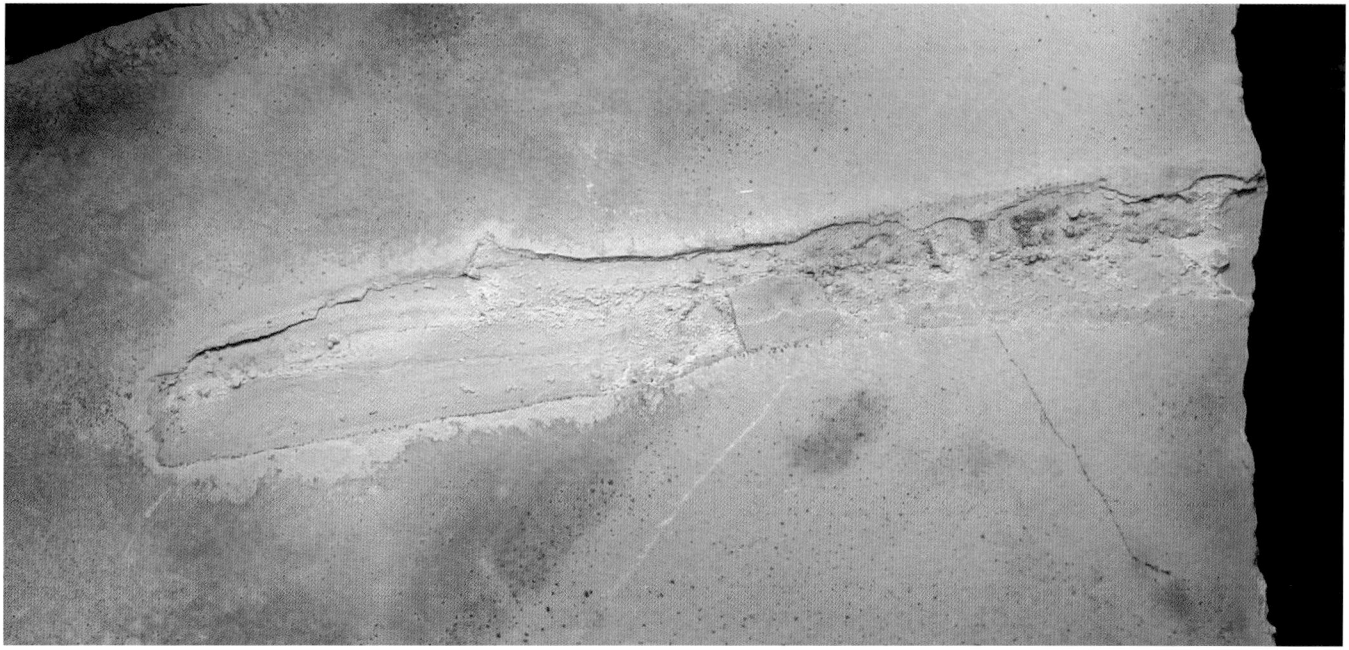

Abb. 18. Stück eines Treibholzes. Erhaltene Länge 17 cm.

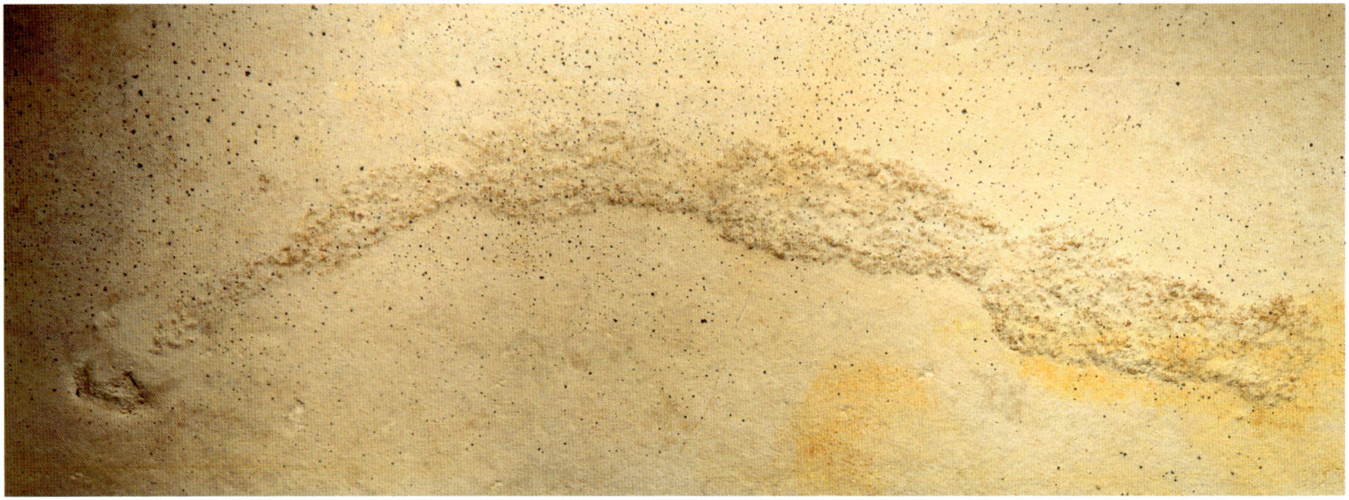

Abb. 19. Der Kieselschwamm *Codites*. An seinem unteren Ende (im Bild links) kann man ein Sedimentbröckchen erkennen, an dem sich der Schwamm verankert hatte, bevor er zusammen mit seiner Unterlage in die Lagune gespült wurde. Länge 14 cm.

jedoch breitere, walzenförmige Äste. Bei den zarten, reichverzweigten Formen fällt die Vorstellung schwer, dass es sich dabei um Schwämme handeln soll. Deshalb wird diese Formengruppe zunächst unter dem herkömmlichen Namen *Phyllothallus* den Algen zugeordnet.

Reste von Landpflanzen sind im Vergleich zu den typischen Solnhofener Plattenkalken relativ häufig. Leider sind sie in der Regel schlecht erhalten. Aus dem Profilabschnitt D (Abb. 9) wurden als sichere Belege nur Zweigstücke von Nadelgehölzen, wahrscheinlich der Gattung *Brachyphyllum*, belegt (Abb. 15). Möglicherweise befinden sich unter diesen Fossilien noch andere Nadelholzgewächse. Der schlechte Erhaltungszustand rechtfertigt jedoch, zumindest momentan, keine weitere Differenzierung. Außerdem wurden noch mehrere Zapfen (Abb. 16) und Zapfenschuppen von Nadelholzgewächsen gefunden, die derzeit jedoch ebenfalls keine sichere Artansprache erlauben.

Anders zeigt sich der Befund im Profilabschnitt B (Abb. 9). In diesen Schichten dominieren die palmartigen Fiederblätter von *Zamites*, einer zu den Bennettiteen gehörenden Gruppe der Nacktsamer (Abb. 17). Zumindest auf einer bestimmten Schichtfläche im diesem Profilabschnitt sind diese außergewöhnlich schönen Pflanzenfossilien derart angereichert, dass buchstäblich ein Wedel neben dem anderen liegt.

Daneben gibt es noch verschiedene Landpflanzenfossilien, die sich von den bisher geschilderten deutlich unterscheiden, jedoch noch keinerlei Spezifizierung erlauben. Manche davon kann man als Holzreste bezeichnen, die nur wenige Zentimeter bis Dezimeter Länge erreichen (Abb. 18).

Die Befunde zu den Landpflanzen lassen zumindest drei Schlüsse zu: die Häufigkeit von Landpflanzenfossilien zeigt an, dass Inseln oder Festlandsausläufer relativ nah waren. Ferner gab es einen gewissen Wechsel in den Umweltbedingungen zwischen der Zeit der Ablagerung des älteren Profilabschnitts B und der jüngeren Ablagerungen des Haupt-Grabungsniveaus D. Das ausschließliche Vorkommen von Nadelholzgewächsen im Profilabschnitt D deutet außerdem auf ein zunehmend trocken-heißes Klima hin.

Schwämme (Porifera)

Schwämme gehören zu den am einfachsten organisierten Tieren. Ihr körperlicher Zusammenhalt wird durch winzige, oft filigran gestaltete Skelettelemente gewährleistet, die aus Kalk, Kieselsäure oder hornigem Material (Badeschwamm!) bestehen können. Der Schwammkörper besitzt schlauchförmige Hohlräume, die von einem differenzierten, von Poren durchsetzten Zellgewebe umschlossen sind. Geißelzellen strudeln Meerwasser durch die Poren, wobei Nahrungspartikel aufgenommen werden. Wie bereits erwähnt, waren Kieselschwämme im oberen Jura maßgeblich am Aufbau der Mikroben-Schwamm-Riffe beteiligt. Dieses üppige Riffwachstum war jedoch zur Zeit der Bildung der Plattenkalke bereits beendet. Dennoch konnten sich die Kieselschwämme *Codites* noch auf den abgestorbenen Rifferhebungen in geringem Umfang behaupten, wie die eher seltenen Funde in den Plattenkalken belegen (Abb. 19).

Auf einer einzigen Schichtfläche im Profilabschnitt C finden sich jedoch massenhaft schlauch- bis becherförmige Gebilde, die eine granulierte Oberfläche aufweisen. Ihre Längserstreckung auf der Schichtfläche zeigt in eine einheitliche Richtung (Einregelung). Höchstwahrscheinlich handelt es sich dabei ebenfalls um Schwämme. Offensichtlich liegt hier ein sehr kurzes Stadium einer Wiederbesiedelung der verbliebenen Rifferhebungen mit Kieselschwämmen vor.

Armfüßer (Brachiopoda)

Die ausschließlich im Meer lebenden Brachiopoden, von denen es heute nur noch wenige Arten gibt, sind Tiere mit einem zweiklappigen Gehäuse. Insofern ähneln sie auf den ersten Blick Muscheln, mit denen sie jedoch nicht näher verwandt sind. Sie gehören zu den Fangarmtieren (Tentaculata). Um die Mundöffnung besitzen sie zwei armförmige Tentakel (Name!), mit denen sie bei geöffneten Klappen Nahrungspartikel zum Mund strudeln. Die größere der beiden Klappen zeigt eine runde Öffnung, durch die ein flexibler Stiel dringt. Mit diesem Stiel haften die Tiere an festem Substrat.

In den Wattendorfer Plattenkalken gehören sie zu den häufigsten Fossilien. Jeder Quadratmeter Schichtfläche liefert mindestens ein Exemplar. Trotz dieses Reichtums an Individuen gibt es nur zwei unterschiedliche Arten: über 99 % davon gehören einer glattschaligen Form an, wahrscheinlich der Gattung *Juralina* (Abb. 20), nur einige wenige Exemplare belegen eine gerippte Form, wahrscheinlich *Torquirhynchia* (Abb. 21). Die Schalen von ?*Juralina* sp. sind in charakteristischer Weise durch die Kompaktion des Sediments zusammengedrückt und eingebrochen. Sie waren also bei der Einbettung nicht mit Sediment erfüllt. Normalerweise wachsen solche Hohlräume recht bald mit groben Kalzitkristallen zu. Da dies nicht geschehen ist, muss die Überlagerung mit neuem Sediment, die letztendlich zur Kompaktion der unterlagernden Schichten und damit zum Zerbrechen der Brachiopodenschalen geführt hat, sehr schnell erfolgt sein.

Abb. 20. Der Brachiopode ?*Juralina* ist das häufigste Fossil in den Wattendorfer Plattenkalken. Länge der Schale 2,2 cm.

Ein erneuter Hinweis darauf, dass sich die Wattendorfer Plattenkalke sehr schnell abgelagert haben.

Dass die Brachiopoden nicht am Einbettungsort gelebt haben können, ist klar, denn abgesehen von der Sauerstoffarmut hätten sie sich auch nicht mit ihren Stielen auf dem weichen Untergrund anheften können. Sie lebten auf den Flachwasserarealen der abgestorbenen Riffe. Ihre Häufigkeit unterstreicht die Nähe zu diesem Lebensraum.

In den typischen Solnhofener Plattenkalken sind Brachiopoden äußerst selten. Gleiche Muster in Häufigkeit und Formenspektrum zeigen hingegen die Plattenkalke von Schamhaupten und Brunn.

Abb. 21. Rechts im Bild der gerippte Brachiopode ?*Torquirhynchia* sp. Breite 2,4 cm), links davon der für die relative Altersbestimmung der Wattendorfer Plattenkalke maßgebende Ammonit *Aulacostephanus eudoxus* (Durchmesser 5,2 cm).

Schnecken (Gastropoda)

Seltener als Brachiopoden werden Schnecken gefunden. Trotzdem können zwölf Arten unterschieden werden. Nur zwei dieser Arten (cf. *Pileolus* und *Neritopsis*) gelten als Bewohner harter Untergründe. Die anderen sind typische Weichgrundbewohner. Das bedeutet, dass es auf den harten Oberflächen der ehemaligen Riffe, oder an deren Hängen, Nischen und Mulden gegeben haben muss, in denen sich weiche Sedimente ansammeln konnten. Die häufigste Schnecke ist *Bathrotomaria* sp. (Abb. 22), auf deren Einbettungslage bereits auf Seite 20 eingegangen wurde. Interessant ist das Vorkommen der Flügelschnecke *Harpagodes* sp. (Abb. 23), die in den anderen Plattenkalken bisher nicht gefunden wurde. Häufig kommt sie jedoch in den Bankkalken des oberen Jura der Schweiz vor. Auch *Harpagodes* gilt als Weichbodenbewohner.

Muscheln (Bivalvia)

19 verschiedene Muschelarten konnten bislang in den Wattendorfer Plattenkalken nachgewiesen werden. Bei fast allen von ihnen handelt es sich um Arten, die sich mittels ihrer Byssusfäden auf harter Oberfläche anhefteten (Abb. 24). Die meist kleinen Schalen sind in der Regel schlecht erhalten. Sie kommen recht selten vor, mit Ausnahme der Gattung *Aulacomyella* (Abb. 25). Diese halbkreisförmigen, flachen Schalen mit feiner Radialstreifung und einer Länge von durchschnittlich 35 mm, kommen zwar in allen Niveaus von Profilabschnitt D gelegentlich vor, auf einer bestimmten Schichtfläche finden sie sich jedoch angereichert, mit bis zu 50 Exemplaren pro Quadratmeter. *Aulacomyella* gehört zu einer Gruppe von Muscheln, die auch aus anderen Erdzeitaltern bekannt sind, und die nachweislich mit sehr wenig Sauerstoff im Wasser auskommen konnten. Demzufolge

Abb. 22. Die Schnecke ?*Bathrotomaria* sp. Durchmesser 3 cm.

Abb. 23. Die Flügelschnecke *Harpagodes* sp. Länge 10 cm.

Abb. 24. Isolierte Klappe der Muschel *Arcomytilus furcatus*. Sie ist eine der vielen in den Wattendorfer Plattenkalken vorkommenden Muscheln, die mittels Byssusfäden auf hartem Grund festgeheftet lebten.

Abb. 25. Die Muschel *Aulacomyella* sp. kommt auf einer Schichtfläche in Profilabschnitt D massenhaft vor.

Abb. 26. Belemnit mit erhaltenem Phragmoconus. Das hintere Ende des Rostrums befindet sich noch in der Gegenplatte. Hier liegt der seltenere Fall vor, dass ein Rostrum flach auf einer Schichtfläche liegt. Die meisten Belemniten stecken schräg oder senkrecht im Schichtstapel. Länge des Fossils 12 cm.

scheint es so, als ob *Aulacomyella* der einzige Organismus (außer Mikroben) war, der zumindest kurzfristig den Boden der Wattendorfer Lagune besiedeln konnte. Vielleicht lebten Populationen dieser Muscheln permanent an den etwas höher gelegenen Rändern der Lagune. Eine geringfügige und kurzfristige Verbesserung der bodennahen Wasserverhältnisse konnte ausgereicht haben, dass sich eine Population rasch über relativ große Bereiche des Lagunenbodens ausbreite. Wiederkehrende extrem schlechte Wasserbedingungen und/oder die Eindeckung mit neuem Sediment beendeten die kurze Besiedelungsphase.

Kopffüßer (Cephalopoda)

Namengebendes Merkmal dieser zu den Weichtieren zählenden Tierklasse sind acht bzw. zehn streckbare, saugnapfbewehrte Fangarme, die am Kopf um die Mundöffnung herum angeordnet sind. Zu den heutigen, ausschließlich im Meer lebenden Kopffüßern gehören im Wesentlichen die Nautiliden, die zehnarmigen Kalmare und Sepien sowie die achtarmigen Kraken und Vampyrtintenfische. Achtarmer und Zehnarmer werden als die eigentlichen Tintenfische bezeichnet (die natürlich überhaupt nicht mit Fischen verwandt sind!) Die Nautiliden besitzen ein spiraliges, gekammertes Kalkgehäuse, in deren vorderste Kammer sich das Tier zurückziehen kann. Bei den Kalmaren und Sepien sind die Gehäuseteile anders ausgebildet und liegen innerhalb des Weichkörpers (bekanntes Beispiel: Sepienschulp am Meeresstrand). Bei den übrigen Tintenfischen sind solche Stützelemente im Lauf der Entwicklungsgeschichte oft gänzlich verschwunden.

Im oberen Jura gab es ferner noch die Ammoniten mit spiraligem Gehäuse sowie die Belemniten, deren inneres Stützelement in einem aus hartem Kalk bestehenden, raketenförmigen Element endete (Rostrum, im Volksmund als »Donnerkeil« bezeichnet).

Ammoniten sind in den Wattendorfer Plattenkalken nicht selten, jedoch artenarm und meist schlecht erhalten. Es sind durchweg kleine Formen mit einem Gehäusedurchmesser von maximal 7 cm. Besondere Bedeutung kommt der Art *Aulacostephanus eudoxus* zu (Abb. 21), da diese Art als so genanntes »Leitfossil« belegt, dass die Wattendorfer Plattenkalke älter sind als alle anderen Plattenkalkvorkommen. Von den stattlichen Gehäusen des Stachelhorns *Aspidoceras*, die sicher 20 cm und mehr im Durchmesser aufwiesen, liegen nur Bruchstücke vor, die ganz offensichtlich Fraßreste darstellen. Häufig finden sich auch so genannte *Aptychen*, paarige, schalenähnliche Kalkgebilde, die Teil des Kauapparates der Ammoniten waren. Da ihr Umriss auffallend gut dem Mündungsquerschnitt jener Ammoniten gleicht, mit denen sie im Zusammenhang gefunden werden, könnten die *Aptychen* zusätzlich die Funktion als Gehäusedeckel erfüllt haben.

Bei der Betrachtung der Ammoniten muss auch *Lumbricaria* (Abb. 56) erwähnt werden. Diese seltsamen Knäuel wurden früher häufig mit Würmern in Verbindung gebracht, oder als Kotschnüre von Fischen betrachtet. Nach detaillierten Untersuchungen an Nusplinger Funden weiß man, dass es sich um den Kot von Ammoniten handelt. *Lumbricarien* sind in den Wattendorfer Plattenkalken sehr selten und sind nach bisheriger Kenntnis auf eine einzige Schichtfläche des Profilabschnitts D beschränkt.

Belemniten sind keine Seltenheiten in den Wattendorfer Plattenkalken (Abb. 26). Die 4-12 cm langen Rostren scheinen alle der gleichen Art anzugehören. Über ihre Lage im Sediment wurde bereits im Kapitel »Einbettungslage« berichtet.

Seltener als die Belemniten sind die Schulpe anderer Tintenfische, die jedoch alle noch unpräpariert sind. Ein Schulp von *Trachyteuthys* dürfte knapp 50 cm lang sein.

Abb. 27. Der Vielborster-Wurm *Muensteria vermicularis*.

Vielborster-Würmer (Polychaeta)

Der Wurm *Muensteria vermicularis* (Abb. 27) besaß die Fähigkeit, winzige Kalkpartikelchen in seine Schleimhülle einzubauen und damit eine Art Wohnröhre, bzw. einen flexiblen Wohn-Schlauch herzustellen. An der Basis waren diese Röhren am Boden verankert. Mehrere Individuen konnten eine Kolonie bilden. In den Wattendorfer Plattenkalken findet man diese 5-10 cm langen geringelten Schläuche relativ häufig.

Krebstiere (Crustacea)

Die Krebse sind bislang mit 15 verschiedenen Arten vertreten. Die meisten Krebsfunde gehören schwimmenden Formen an. Die nur 2-4 cm kleinen Glaskrebse der Art *Elder ungulatus* sind dabei am häufigsten (Abb. 28). Ebenfalls relativ oft wird *Dusa monocera* gefunden, die sich durch lange Vordergliedmaßen mit pinzettenförmigen Scheren an ihren Enden auszeichnen (Abb. 29). Eine weitere Art von *Dusa* dokumentiert sich durch extrem lange Gliedmaßen. Von dieser Art wurden – genau wie in Nusplingen – leider nur isolierte Arme gefunden, diese jedoch relativ häufig. Vielleicht lösten sich die Arme dieser Art bei den Häutungen regelmäßig vom restlichen Häutungshemd ab. Relativ selten ist *Koelgia curvirostris* (Abb. 30). Attraktive Fossilien sind die zwei Arten von *Aeger*. Charakteristisch für diese Schwimmkrebse sind die kammartig mit Borsten versehenen Vorderbeine (Abb. 31).

Etwas seltener sind die bodenbewohnenden Krebse. Der krabbenartige *Eryon arctiformis* mit breitem Brustschild ist selten im Profilabschnitt D, jedoch häufig in den riffnäheren

Abb. 28. Der Glaskrebs *Elder ungulatus*. Länge 4 cm.

Abb. 29. Der Schwimmkrebs *Dusa monocera* neben einem Pflanzenrest. Körperlänge des Krebses 4,2 cm.

Abb. 30. Der Schwimmkrebs *Koelgia curvirostris*. Länge 6 cm

Abb. 31. Der Schwimmkrebs *Aeger elegans*. Länge einschließlich der Vorderextremitäten 10 cm.

Abb. 32. Der Panzerkrebs *Eryon arctiformis*. Länge des Panzers 9,2 cm. Links daneben zwei Exemplare eines kleinen Knochenfischs.

feinlaminierten Dolomiten zu finden (Abb. 32). Von ähnlicher Gestalt, jedoch mit bedornten Scheren ausgestattet, ist der Breitschildkrebs *Cycleryon spinimanus*. Von den kleineren Schlankhummern liegen mindestens zwei, wahrscheinlich jedoch noch mehrere Arten vor (Abb. 33). Im Gegensatz zu diesen bodenbewohnenden Krebsen lebte der Maulwurfskrebs *Glyphaea* grabend im Sediment. *Glyphaea* besaß anstatt Scheren bewegliche Klauen an den Vorderbeinen. Lediglich in zwei Exemplaren liegt der räuberisch lebende Heuschreckenkrebs *Sculda* vor. Nur in einem einzigen Exemplar wurde ein Vertreter der Asseln gefunden. Das Fossil lässt aufgrund seiner schlechten Erhaltung jedoch keine systematische Einordnung zu.

Abb. 33. Der Schlankhummer *Galicia* cf. *veldtheimii*. Länge einschließlich der Scheren 10 cm.

Abb. 34. Regulärer Seeigel *Rhabdocidaris* sp. mit erhaltenem Stachelkleid. Länge von links nach rechts 17 cm.

Stachelhäuter (Echinodermata)

Zu den Stachelhäutern gehören die Seelilien, Seegurken, Seeigel, Seesterne und Schlangensterne. Alle leben ausschließlich im Meer. Nach einem meist freischwimmenden Larvenstadium entwickeln die erwachsenen Tiere in der Regel einen fünfstrahligen Körperbau. Während die Seelilien meist mittels eines Stiels am Boden fixiert sind, leben die anderen Gruppen freibeweglich.

In den Wattendorfer Plattenkalken finden sich Vertreter der Seeigel, Seesterne und Schlangensterne. Häufig sind nur die Seeigel. Bei ihnen unterscheidet man die regulären von den irregulären Formen. Die regulären besitzen den ursprünglicheren Bauplan: Eine kugelige Kapsel aus zahlreichen Kalktäfelchen, der Mund liegt auf der Unterseite, der After gegenüber auf dem Scheitelfeld. Die in alle Richtungen beweglichen Stacheln sind besonders massiv ausgebildet. Reguläre Seeigel leben auf hartem Substrat, das sie mit ihrem kräftigen Kauapparat auf Kleinorganismen abweiden. Die starken Stacheln befähigen sie zur Fortbewegung und, bei starker Wellenbewegung, zum Verkeilen in Riffspalten. Besonders hervorzuheben sind die großwüchsigen Exemplare der Gattung *Rhabdocidaris* mit erhaltenem Stachelkleid

Abb. 35. Noch unbestimmter regulärer Seeigel (Cidaride) mit erhaltenem Stachelkleid. Durchmesser 2,1 cm.

Abb. 36. Der irreguläre Seeigel *Nucleolites* sp.

(Abb. 34). Auch von den weiteren Arten liegen Exemplare mit komplettem Stachelbesatz vor (rund 14 %). Im Regelfall erscheinen die reulären Seeigel jedoch als Gehäusekapseln, die ihre Stacheln bereits verloren haben. Nicht selten werden jedoch auch isolierte Stacheln gefunden, die entweder vollständig erhalten oder gebrochen sind. Die meisten geborgenen Reste sind noch unpräpariert. Höchstwahrscheinlich verbergen sich unter diesen noch mehrere verschiedene Arten (Abb. 35). Da ein Großteil der Gehäuse nur einen Durchmesser von 3-10 mm besitzt, kann man davon ausgehen, dass es sich dabei um Jungtiere handelt.

Die irregulären Seeigel zeigen einen abgewandelten Körperbau. Bei ihnen liegt der After am unteren Hinterende der Gehäusekapsel. Die Stacheln sind feiner und kürzer. Sie leben als nahe der Oberfläche grabende Formen im weichen Sediment. In den Wattendorfer Plattenkalken finden sie sich seltener als die regulären Formen (Abb. 36). Manche besitzen noch ihr Stachelkleid, oder zumindest Partien davon.

Intakte Seeigelgehäuse mit anhaftenden Stacheln sind allgemein in den Solnhofener Plattenkalken größte Seltenheiten. An den Lokalitäten Schamhaupten und Brunn werden sie etwas häufiger gefunden. Für die Wattendorfer Plattenkalke können Sie als Maß für die unmittelbare Nähe zu den Hartgründen der umliegenden Riffe gelten, wo ihr Lebensraum lag. Von dort wurden sie bei Sturmereignissen losgerissen und als Schwebefracht in die Lagune getrieben. Sicherlich sind sie als tote Organismen am Grund gelandet. Hätten sie noch gelebt, oder hätten sie überhaupt am Lagunenboden gelebt, müssten sie Spuren im weichen Sediment hinterlassen haben.

Die Überreste von Seesternen und Schlangensternen sind äußerst spärlich. Von beiden Gruppen liegt jeweils nur ein kleines Exemplar vor – beide noch unpräpariert und deshalb noch nicht einzuordnen.

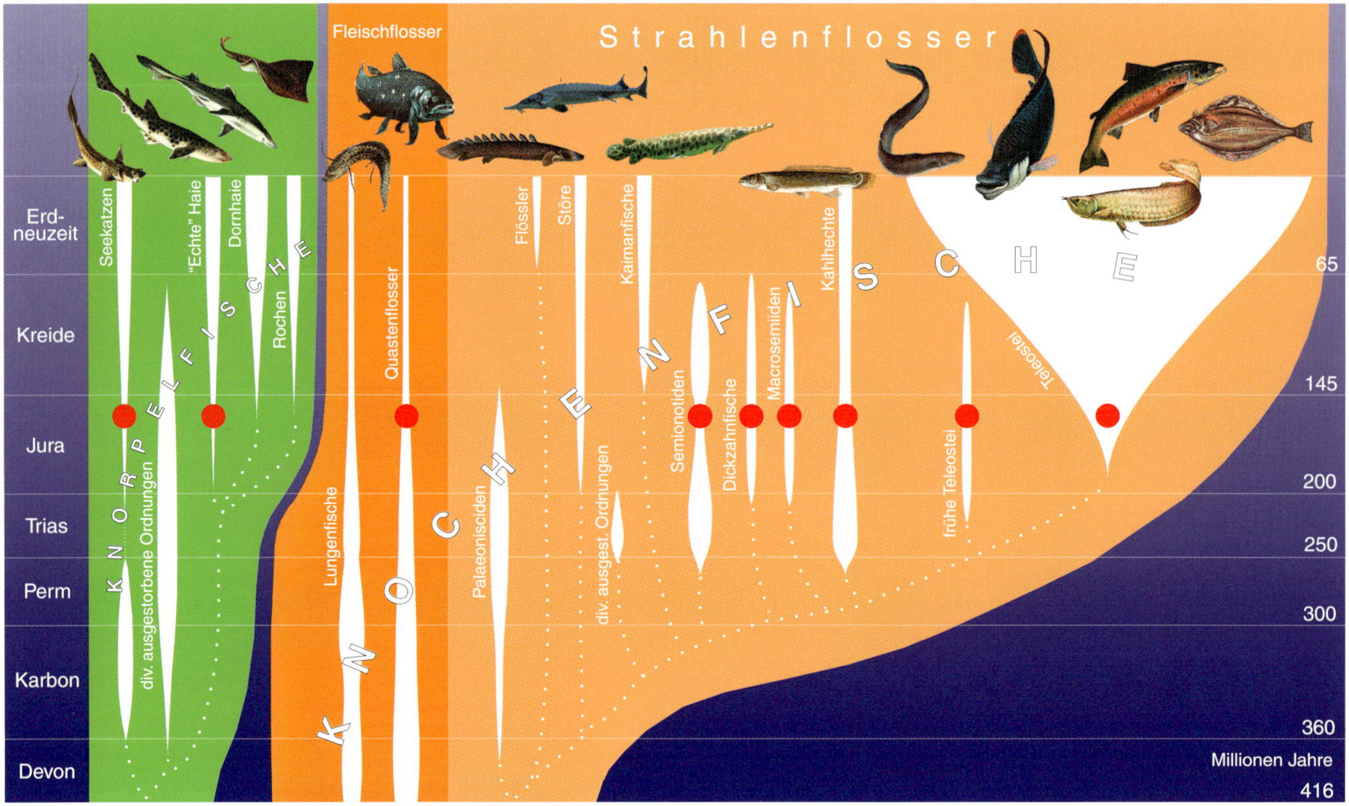

Abb. 37. Erdgeschichtliche Verbreitung der Fische seit der Devon-Zeit. Die punktierten Linien geben mögliche Verwandtschaftsverhältnisse an. Rote Punkte markieren diejenigen Gruppen, die in den Wattendorfer Plattenkalken bisher nachgewiesen wurden.

Fische (Pisces)

Mit 24 verschiedenen Arten sind die Fische die auffälligsten Faunenelemente der Wattendorfer Plattenkalke. Eine Übersicht der verschiedenen vorkommenden Gruppen liefert Abb. 37.

Knorpelfische (Chondrichthyes)

Bei dieser urtümlichen Fischgruppe, zu der die heute lebenden Seekatzen, Haie und Rochen zählen, besteht das Skelett aus Knorpelsubstanz, nicht aus Knochen. Die Haut ist nicht mit Schuppen, sondern häufig mit Tausenden winziger Hautzähnchen bedeckt.

Seekatzen, auch Seeratten oder Chimären genannt, sind heute noch mit rund 35 verschiedenen Arten in allen Weltmeeren verbreitet. Mit ihrem großen Kopf, den breitlappigen Brust- und Bauchflossen, dem Rückenstachel und dem spitz zulaufenden, peitschenförmigen Schwanz besitzen sie eine recht eigentümliche Gestalt. Zwei Paar Kauplatten im Oberkiefer und ein Paar im Unterkiefer befähigen die Seekatzen zum Zerbrechen und Zerreiben hartschaliger Beute wie beispielsweise Muscheln und Seeigel.

Fossile Seekatzen sind außerordentlich selten. Bei dem Wattendorfer Exemplar (Abb. 38) handelt es sich um ein Jungtier von ?*Ischyodus* sp., geradezu um ein Baby! Von Seekatzenfossilien aus den Solnhofener Plattenkalken weiß man, dass sie eine Länge von mindestens 1,5 Meter erreichen konnten. Der Lebensraum der Tiere lag in den nahegelegenen Riffgebieten, in denen ein reichliches Angebot an hartschaligen Organismen vorhanden war. Ob der kräftige

Abb. 38. Jungtier der Seekatze ?*Ischyodus* sp. Das hintere Drittel des Körpers fehlt. Länge des erhaltenen Fossils 8,7 cm.

Rückenstachel, der zum Aufspannen der Rückenflosse diente, wie bei den heute lebenden Seekatzen mit einer Giftdrüse verbunden war, kann man nicht sagen.

Leider konnte bei dem Wattendorfer Seekatzenbaby der Schwanzbereich nicht geborgen werden. In Bezug auf die hervorragende Erhaltungsqualität gibt es jedoch keinen vergleichbaren Fund.

Die Haie sind durch die Gattung *Pseudorhina* vertreten (Abb. 39). Das sind Haie, die aufgrund ihrer stark verbreiterten Brustflossen an Rochen erinnern. Gewisse anatomische Details grenzen sie jedoch von diesen ab. Ihrer flügelähnlichen Flossen wegen werden sie auch als »Engelhaie« bezeichnet.

Heute lebende Engelhaie liegen meist flach auf dem Boden, teilweise von selbst aufgewirbeltem Schlamm bedeckt. So getarnt lauern sie Grundfischen, Krebsen und Weichtieren auf, die sie im geeigneten Moment blitzschnell schnappen. Falls die Wattendorfer Meerengel die gleiche Lebensweise hatten, muss man für die Randbereiche der Lagune oder innerhalb der Riffgebiete gewisse Areale mit lockerem Se-

Abb. 39. Der Engelhai *Pseudorhina* sp. mit einer Länge von 133 cm.

diment vermuten. Dass es sich nicht um verirrte Tiere aus anderen Regionen handelt, belegt ihre Häufigkeit. Bislang wurden vier komplette Exemplare geborgen, von denen das größte eine Länge von 133 cm misst. Die noch unpräparierte Schnauze eines weiteren Individuums scheint von einem noch größeren Tier stammen.

Knochenfische (Osteichthyes)

Innerhalb der großen Gruppe der Knochenfische, die im Gegensatz zu den Knorpelfischen ein verknöchertes Skelett besitzen, unterscheidet man die Fleischflosser (Sarcopterygii) von den Strahlenflossern (Actinopterygii). Während die Flossen der Strahlenflosser von einer ganzen Reihe knorpeliger oder knöcherner Stäbe aufgespannt werden, werden diejenigen der Fleischflosser von einem einzigen basalen Knochenelement gestützt, das von Muskeln bewegt werden kann.

Aus der Entwicklungslinie der Fleischflosser (zu denen die Lungenfische und die Quastenflosser gehören) gingen vor über 380 Millionen Jahren die ersten Landwirbeltiere hervor. Quastenflosser hielt man lange für ausgestorben, da aus Schichten nach der Kreide-Zeit keine Quastenflosser-Fossilien mehr bekannt sind. Deshalb war es eine Weltsensation, als 1938 vor den Komoren im Indischen Ozean ein lebender Quastenflosser ins Fischernetz ging! Bis heute sind die lebenden Quastenflosser Gegenstand der wissenschaftlichen Erforschung.

In den Plattenkalken der oberen Jura-Zeit können wir die Vorfahren dieser faszinierenden Geschöpfe studieren. Ihre Fossilien sind jedoch absolute Raritäten. Umso erstaunlicher ist es, dass die Wattendorfer Plattenkalke bisher schon die Reste von sechs Individuen freigegeben hat: drei davon konnten komplett geborgen werden. Zwei können der mittelgroßen Gattung *Holophagus* zugewiesen werden (Abb. 40), eines gehört der seltenen Gattung *Libys* an, von dem bisher weltweit nur wenige Exemplare bekannt sind.

Abb. 40. Der Quastenflosser *Holophagus* sp. mit einer Gesamtlänge von 38 cm.

Der Wattendorfer *Libys* erreicht die Rekordlänge von 105 cm und dürfte damit der größte Quastenflosser aus Plattenkalken überhaupt sein.

Die heute lebenden Quastenflosser der Gattung *Latimeria* des Indischen Ozeans leben verborgen in Felshöhlen in durchschnittlich 200 m Tiefe. Nachts steigen sie zum Beutefang in tiefere Wasserschichten ab. Da bei den Wattendorfer Quastenflossern das gleiche gilt wie für die Engelhaie, dass es sich nämlich aufgrund ihrer relativ großen Häufigkeit nicht um verirrte Einzelindividuen aus entfernten Meeresbereichen, etwa der tieferen Tethys, handeln kann, darf man feststellen, das sich die Nachfahren dieser urtümlichen Fische ihre eigenen Rückzugsgebiete in der Tiefe erobert haben. Die Wattendorfer Quastenflosser lebten sicher in den flacheren Meeresbereichen der ehemaligen Mikroben-Schwamm-Riffe.

Innerhalb des Spektrums der Strahlenflosser kann man den Wandel der Fischfauna von urtümlichen zu modernen Formen beobachten. Während des Erdmittelalters vollzog sich nämlich eine grundlegende Umstrukturierung der marinen

Abb. 41. Dickzahnfisch *Proscinetes* sp. Körperlänge 22,5 cm.

Abb. 42. Dickzahnfisch *Gyrodus* sp. Die Schwanzflosse ist bei der Ablagerung umgeknickt. Länge 21,2 cm.

Abb. 43. Raubfisch *Caturus* sp. mit einer Gesamtlänge von 57 cm.

Ökosysteme. Lange vorher, gegen Ende der Perm-Zeit vor über 250 Millionen Jahren, ereignete sich ein ungeheueres globales Artensterben, dem bis zu 90 Prozent aller Lebensformen der Meere zum Opfer fielen. Es dauerte viele Millionen Jahre, bis sich die freien Lebensräume wieder mit neuem, in seiner Gesamtheit gänzlich anderem Leben füllten. Unter den Überlebenden des vorangegangenen Artensterbens breiteten sich die Muscheln, Schnecken und Kopffüßer mit agileren Formen rasant aus. Riffe aus Korallen und Schwämmen überzogen die flacheren Gewässer und unter den Meeresreptilien und Fischen entwickelten sich zunehmend wendige, räuberische Formen. Im Meer beherrschten nun nicht mehr wie vorher bodenlebende, eher träge Tiere das Bild, sondern agilere Formen. Dieser grundlegenden Veränderung verdanken auch die heutigen marinen Ökosysteme ihr Erscheinungsbild.

Unter den Strahlenflossern der Oberjura-Plattenkalke dominieren Arten, die einen urtümlichen Körperbau mit unvollkommen verknöchertem Skelett und einen eher starren Schuppenpanzer aufweisen. Solche Formen sind heute bis auf wenige Arten fast gänzlich ausgestorben. Daneben gibt es jedoch Fische, die zu den modernen Formen der Strahlenflosser, den so genannten Teleostei, gehören. Die Teleostei sind gekennzeichnet durch ein vollständig verknöchertes Skelett, das bestens für die Befestigung von Muskeln geeignet ist. Der bei urtümlicheren Fischen vorhandene starre Schuppenpanzer machte dünnen beweglichen Schuppen Platz. Damit sind die Teleostei wesentlich wendiger. Eine weitere Veränderung, die den Teleostei eigen ist, besteht in dem mit zusätzlichen Gelenken versehenen Kiefer, der dadurch wie eine Röhre vorgeschoben werden konnte und so ein effektiveres Fressverhalten ermöglicht.

Zu den urtümlichen Fischen gehören die ausgestorbenen Semionotiden. Sie sind in den Wattendorfer Plattenkalken durch die Gattung *Lepidotes* vertreten. Das sind äußerst imposante Fische, die eine Länge von mehr als 2 Metern erreichten. Sie besaßen dicke, schmelzbedeckte Schuppen von jeweils fast 4 cm Länge. Bisher konnten von diesen Giganten leider nur zwei isolierte Fetzen schuppenbedeckter Haut geborgen werden.

Die ebenfalls ausgestorbenen Dickzahnfische besaßen einen scheibenförmigen Körper. Einige große Schuppen des Vorderteils waren zu körperumspannenden Spangen umgebildet. In den Kiefern befanden sich regelrechte Pflaster aus rundlichen Mahlzähnen. Diese waren bestens geeignet, um hartschalige Organismen wie Muscheln, Armfüßer oder auch Korallen zu zerkauen. Unverdauliche Reste wurden ausgeschieden, vielleicht auch ausgespuckt.

Abb. 44. Kopfbereich des Schnabelfischs *Aspidorhynchus* sp. Die anschließenden Körperpartien sind noch nicht präpariert. Länge des sichtbaren Bereichs 16 cm.

Dickzahnfische sind in den Wattendorfer Plattenkalken mit mindestens zwei Formen vertreten: *Proscinetes* (Abb. 41), eine Gattung, die vor allem im südfranzösischen Cerin gefunden wird und *Gyrodus* (Abb. 42), der vor allem aus dem Solnhofener Plattenkalk als so genannter »Mondfisch« bekannt ist. Ein nur 5 cm messendes jugendliches Exemplar konnte noch nicht eingeordnet werden.

Von den ausgestorbenen Macrosemiiden (»Langfahner«), die von anderen Plattenkalkvorkommen mit mehreren Arten bekannt sind, liegt aus Wattendorf ein winziges, schlecht erhaltenes Exemplar der Gattung *Notagogus* vor.

Zu der Gruppe der Kahlhechte, von denen bis heute nur eine einzige Art, der Amerikanische Schlammfisch *Amia calva*, überlebt hat, gehört der Raubfisch *Caturus*. Von ihm liegt aus Wattendorf ein stattliches Exemplar vor (Abb. 43). *Caturus* war ein wendiger, schneller Raubfisch mit beachtlichem Gebiss, der auf Jagd nach kleineren Fischen ging.

Wahrscheinlich etwas heterogen ist die Gruppe der in Abb. 37 als »frühe Teleostei« zusammengefassten Formen. Sie zeigen zwar noch eine Körperbedeckung aus mehr oder weniger mit Schmelz belegten Schuppen, andere anatomische Details gehen jedoch in Richtung der modernen Teleostei. Unter ihnen seien zunächst die Schnabelfische der Gattungen *Aspidorhynchus* und *Belenostomus* erwähnt. Beide besitzen einen zu einem spitzen »Schnabel« verlängerten Oberkiefer, bei dem kleineren *Belenostomus* noch relativ länger als bei seinem größeren Bruder *Aspidorhynchus*. Beide sind sehr schlank und zeigen auffallend langgezogene Flankenschuppen. Die spitzen Zähne weisen sie als Raubfische aus. *Aspidorhynchus* ist mit einem kompletten, in hervorragender Erhaltung vorliegenden Exemplar (Abb. 44) und einigen weiteren Fragmenten vertreten, von *Belenostomus* (Abb. 45) liegen drei komplette Individuen vor.

Abb. 45. Der »kleine Bruder« von *Aspidorhynchus* ist der Schnabelfisch *Belenostomus*. Länge des Fisches 37 cm.

Zur gleichen Gruppe werden die pholidophoriden Fische (»Glanzschuppenträger«) gestellt. Diese kleinen bis mittelgroßen Fische zeigen bereits einen fortschrittlichen Kieferbau – der Oberkiefer ist frei beweglich. Die Schuppen werden jedoch noch von einem deutlichen Schmelzbelag überzogen. Über die verwandtschaftlichen Verhältnisse und die artliche Benennung existieren noch viele Unklarheiten. Hier kann die wissenschaftliche Bearbeitung der Wattendorfer Formen, unter denen sich mindestens zwei verschiedene Arten abtrennen lassen, Fortschritte bringen (Abb. 46). Eine weitere Gattung, *Pleuropholis*, scheint auch in diesen Formenkreis zu gehören. Von *Pleuropholis*, der langgezogene Flankenschuppen besitzt, liegt bisher ein einziges, noch weitgehend unpräpariertes Exemplar vor.

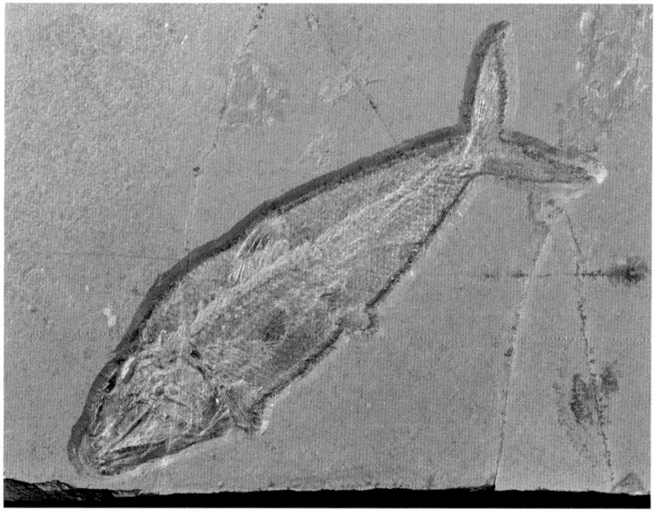

Abb. 46. Kleinere Form eines pholidophoriden Fischs. Länge ▷ 18 cm.

Abb. 47. Der Teleosteer *Tharsis* sp. A, eine der zwei verschiedenen Formen der Gattung *Tharsis* in den Wattendorfer Plattenkalken. Länge 19 cm.

Bevor auf die modernen Knochenfische, die Teleostei, eingegangen wird, seien noch einige derzeit nicht einzuordnende Formen aus den Wattendorfer Plattenkalken erwähnt. Reste eines mittelgroßen Fisches, die in mehreren Bruchstücken geborgen wurden, könnten von einer bislang unbekannten Gattung stammen, die Ähnlichkeiten zu den urtümlichen Palaeonisciden aufweisen (pers. Mitteilung von G. Arratia). Der Raubfisch hatte Schmelzschuppen, überlange Brustflossen und sehr starke Kiefer mit vielen spitzen, kleinen Zähnchen. Ein weiterer fragmentarischer Haldenfund könnte der gleichen Art angehören. Erst im September 2008 gelang die Bergung eines kompletten Fisches, der offensichtlich dieser Art angehört. Von diesem Individuum liegen jedoch erst kleine Flächen frei. Die anstehende Präparation lässt ein hervorragend erhaltenes und wissenschaftlich bedeutendes Exemplar erwarten. Ein anderer Fischfund, ein im Zerfall befindliches Exemplar eines etwa 0,8 m langen Tieres, zeigt gewisse Ähnlichkeiten mit der Raubfisch-Gattung *Eurypoma*, die aus Nusplingen bekannt ist (pers. Mitteilung von G. Arratia).

Ferner existieren noch weitere fragmentarische Fischreste, die aus den fein laminierten Dolomiten des mittleren Steinbruchareals stammen. Es sind Fragmente, die in Sprenghalden aufgelesen bzw. aus der Steinbruchwand geborgen wurden. Darunter sind die Reste eine pachycormiden Fisches, die auf ein Tier von rund 2,5 m Länge schließen lassen.

Abb. 48. Der Teleosteer *Thrissops* sp. Mit einer Gesamtlängevon 60 cm gehört er zu den größten bekannten Vertretern dieser Gattung. Der obere Schwanzflossenstrahl ist nicht überliefert. Offensichtlich wurde er dem Fisch beim Angriff eines Räubers abgebissen.

Die modernen Teleostei liegen zwar mit weniger Arten, jedoch insgesamt in größerer Anzahl vor. Das liegt in erster Linie an dem häufigen Auftreten der kleinen, heringsähnlichen Schwarmfische der Gattung *Tharsis*, die auch in den Plattenkalken der Südlichen Frankenalb zu den häufigsten Fischen gehören. Es scheinen zwei Arten vorzuliegen, die sich unter anderem durch die verschiedene Ausbildung der Wirbelsäule unterscheiden (Abb. 47). Von der Gattung *Tharsis* liegen inzwischen mehrere Dutzend komplette Individuen vor. Da sie erstens besonders häufig, wahrscheinlich in Schwärmen, die Wattendorfer Lagune bewohnten und zweitens zur bevorzugten Beute der Raubfische zählten, werden entsprechend viele fragmentierte Exemplare gefunden, die als Fraßreste zu deuten sind.

Die weiteren Formen der Wattendorfer Teleostei, *Allothrissops* sp., *Anaethalion* sp. und *Thrissops* sp., sind sehr selten. Von *Thrissops* liegt eine vordere Körperhälfte sowie ein komplettes Exemplar vor. Letzteres zeichnet sich durch die für seine Gattung außergewöhnliche Länge von 60 cm aus (Abb. 48). Lediglich ein *Thrissops* aus Cerin mit 89 cm übertrifft das Wattendorfer Exemplar in der Körpergröße.

Reptilien (Reptilia)

Reptilien gehören in den Plattenkalken der oberen Jura-Zeit allgemein zu den allergrößten Raritäten. Auch in den Gegenden mit großflächiger, intensiver Abbautätigkeit um Solnhofen und Eichstätt rufen Reptilfunde in der Regel großes Aufsehen hervor. Umso erstaunlicher ist es, dass die

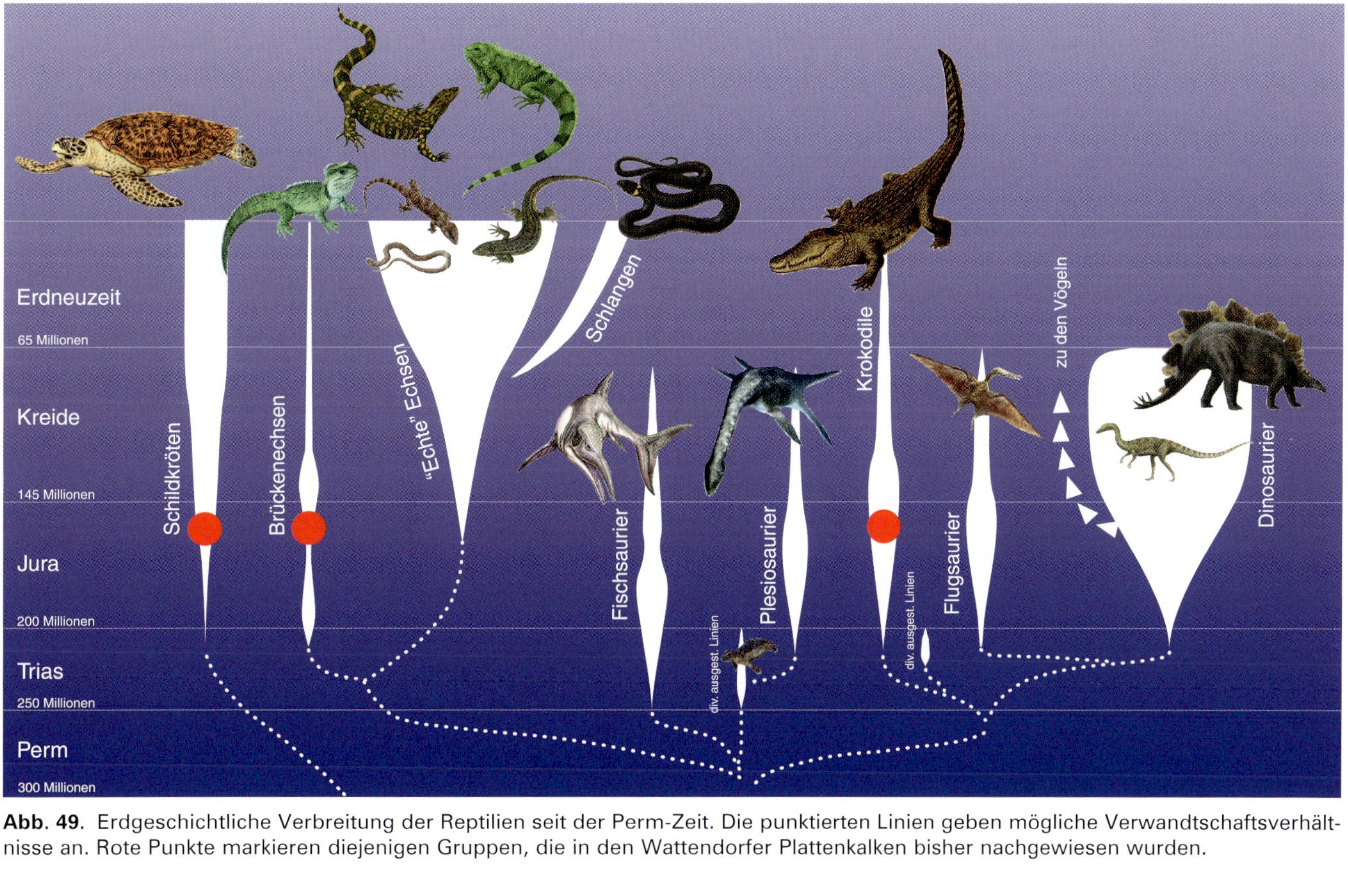

Abb. 49. Erdgeschichtliche Verbreitung der Reptilien seit der Perm-Zeit. Die punktierten Linien geben mögliche Verwandtschaftsverhältnisse an. Rote Punkte markieren diejenigen Gruppen, die in den Wattendorfer Plattenkalken bisher nachgewiesen wurden.

Abb. 50. Die Schildkröte *Plesiochelys*. Länge des Panzers 37 cm.

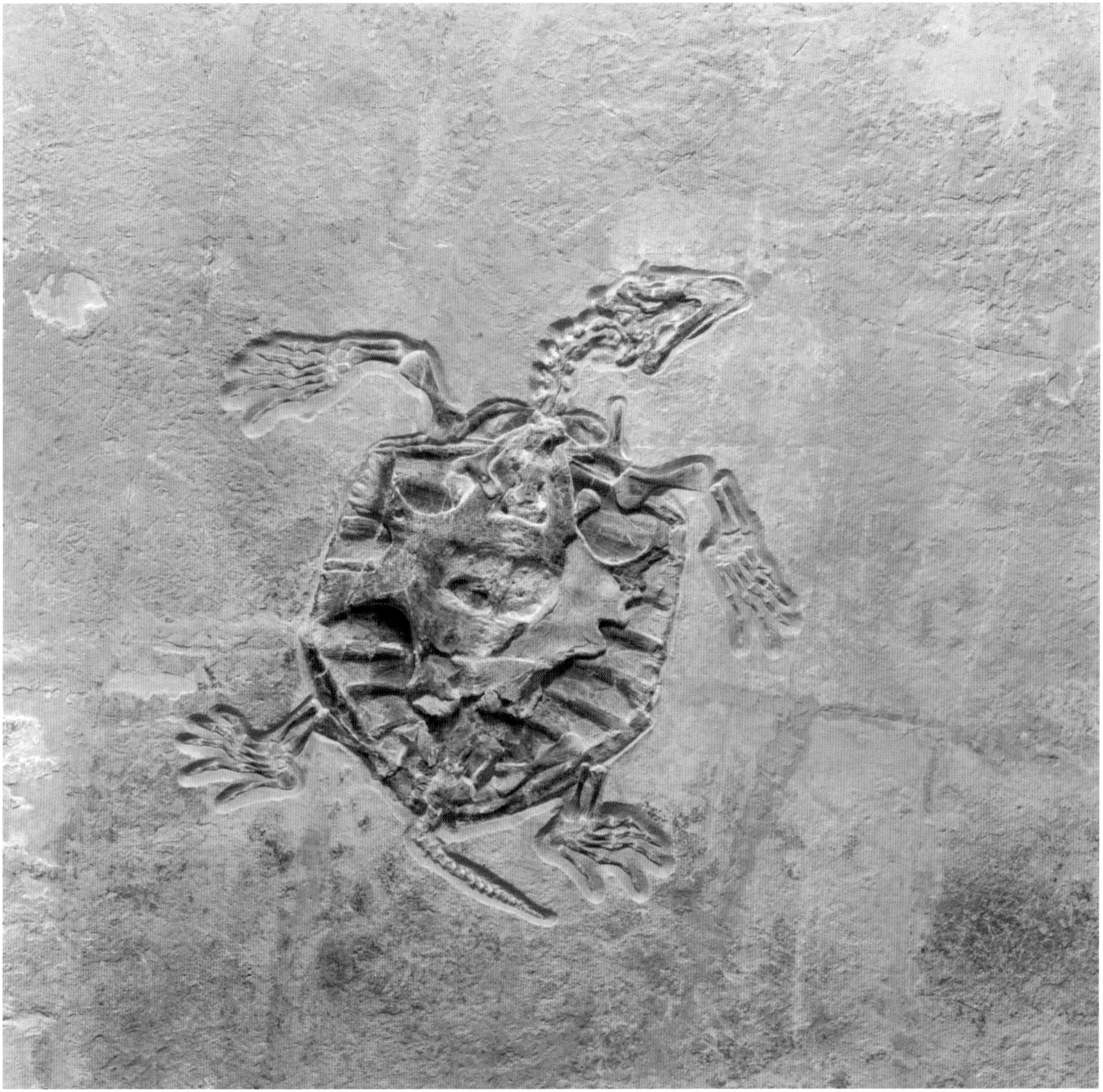

Abb. 51. Eurysternide Schildkröte. Länge des Panzers 15 cm.

Wattendorfer Plattenkalke trotz der bislang bescheidenen Menge untersuchter Plattenkalke doch verhältnismäßig viele Reptilreste freigegeben haben. Bislang konnten Schildkröten, Brückenechsen, und Krokodilreste geborgen werden. Echte Eidechsen, Flugsaurier, Dinosaurier und Fischsaurier, wie sie von anderen Plattenkalk-Vorkommen bekannt sind, stehen in Wattendorf noch aus (Abb. 49).

Schildkröten (Testudinata)

Erwähnt seien zunächst die Schildkröten. Sie sind eine sehr altertümliche Reptilgruppe. Erste Landschildkröten wurden in 230 Millionen Jahre alten Gesteinen gefunden. Während der Jura-Zeit passten sich bestimmte Entwicklungslinien an den Lebensraum Meer an. Wie die heutigen Meeresschildkröten auch, hatten sie einen leichteren und flacheren Panzer, sowie zunehmend zu Paddeln umgebildete Extremitäten. Heute bewohnen Schildkröten die unterschiedlichsten Lebensräume wie Sümpfe, Seen, Wüsten und Ozeane. Aus den Wattendorfer Plattenkalken konnten bisher sechs Schildkröten, bzw. deren Reste geborgen werden, zwei davon als komplette Skelette. Es handelt sich um mindestens zwei verschiedene Arten (Angaben zu den Schildkröten pers. Mitteilungen von Walter Joyce).

Die größere der beiden vollständigen Schildkröten wurde bereits gegen Ende der ersten Grabungskampagne des Jahres 2004 geborgen (Abb. 12, 50). Es handelt sich um eine Art der Gattung *Plesiochelys*. Die Länge des Panzers beträgt 37 cm. Sie wurde mit dem Rücken nach unten eingebettet und auch von der Schichtunterseite her freipräpariert. Die Erhaltung ist perfekt, es fehlt kein einziger Knochen. Ungewöhnlich für die Gattung ist der dünne Panzer, dessen Platten kaum dicker als 2 mm sind. Dies kann jedoch auf eine starke Kompaktion im Zusammenhang mit der Verfestigung des Sediments zurückgeführt werden.

Auch das zweite komplette Exemplar, das im Jahr 2006 geborgen wurde, kam mit dem Rückenpanzer nach unten im Sediment zum Liegen. Freigelegt wurde sie von der Schichtoberseite, es ist also die Bauchseite zu sehen (Abb. 51). Die Länge des eckigen Panzers beträgt 15 cm. Bei ihr handelt es sich um eine eurysternide Schildkröte. Aufgrund der relativ großen Extremitäten kann man davon ausgehen, dass es sich um ein Jungtier handelt. Es fehlen Teile des Unterkiefers sowie Partien der linken Seite des Bauchpanzers.

Als weitere Schildkröten-Reste wurden geborgen: ein seitliches Panzerstück mit geborstenen Rippen, ein Hinterende mit erhaltenen Extremitäten (wohl beide als Überbleibsel der Mahlzeit eines Krokodils zu deuten), ein isolierter Oberarm, eine isolierte Extremität. Über diese Fragmente können noch keine weiteren Aussagen getroffen werden.

In dieser relativen »Häufigkeit« spiegelt sich die größere Nähe zu den flachen Riffgebieten und den Inseln wider, als sie in den meisten anderen Plattenkalkvorkommen gegeben ist. Denn mit Ausnahme mancher Hochseekrokodile sind die meisten Reptilien doch an Landnähe gebunden, andere leben gänzlich auf dem Festland.

Brückenechsen (Sphenodontia)

Brückenechsen hatten in der Trias-Zeit vor über 220 Millionen Jahren gemeinsame Vorfahren mit den Eidechsen. Von diesen unterscheiden sie sich durch eine bestimmte Knochenspange im Schädel, die bei den Eidechsen fehlt. Großen Artenreichtum erreichten die Brückenechsen nie. Doch bemerkenswert ist, dass eine einzige Gattung mit zwei Arten bis heute überlebt hat: die Brückenechse *Sphenodon*, die auf wenigen Inseln vor der neuseeländischen Küste beheimatet ist.

In Wattendorf gehören Brückenechsen, die auch in den anderen Plattenkalkvorkommen größte Raritäten darstellen, bislang zu den Ausnahmefunden. Zwei verschiedene Formen konnten geborgen werden: *Leptosaurus pulchellus* und *Pleurosaurus* sp.

Leptosaurus pulchellus war ein eidechsenähnliches, landlebendes Reptil. Die äußerst spärlichen Funde dieser Art verteilen sich auf verschiedene Plattenkalke der Südlichen Frankenalb und sind auch aus dem südfranzösischen Cerin bekannt. Von dort stammt das größte bekannte Exemplar, das eine Länge von 39 cm erreicht. Bei dem Wattendorfer *Leptosaurus* (Abb. 52) handelt es sich um ein sehr junges Tier. Der Schwanz ist bei der Bergung verlorengegangen, die Gesamtlänge lässt sich auf ungefähr 8,6 cm berechnen.

So unscheinbar das Exemplar auf den ersten Blick erscheinen mag, so überraschend bietet sich sein Erhaltungszustand bei der Untersuchung unter ultraviolettem Licht. Diese Methode wurde in den letzten Jahren von Dr. Helmut Tischlinger perfektioniert und lieferte spektakuläre Ergebnisse bei der Untersuchung von Flugsauriern und den verschiedenen Exemplaren von *Archaeopteryx*.

Ebenso wie manche Mineralien, fluoreszieren bzw. lumineszieren bisweilen auch Fossilien unter Bestrahlung mit speziellen Leuchtmitteln, die ultraviolettes Licht ausstrahlen. Als Fluoreszenz bezeichnet man das durch die Einwirkung

Abb. 52. a. Jungtier der Brückenechse *Leptosaurus pulchellus*. Der Schwanzbereich fehlt. Länge des erhaltenen Fossils 4,5 cm. **b**. Das gleiche Exemplar unter langwelligem UV-Licht. Diese Bestrahlung macht Mineralisationen ehemaliger Weichteile und Knochen sichtbar. Neben den Skelettelementen kann man deutlich Haut- und Muskeleindrücke erkennen, die man im normalen Licht nicht wahrnimmt (Foto: H. Tischlinger).

energiereicher Strahlung im UV-Bereich (Wellenlänge 100-366 Nanometer) angeregte sichtbare Leuchten bestimmter Materialien. Die Leuchterscheinung ist nur bei Abdunklung erkennbar und erlischt sofort mit dem Ende der Bestrahlung. Manche Fossilfunde aus dem Solnhofener Plattenkalk und ähnlichen Fossillagerstätten leuchten unter UV auf; verantwortlich dafür sind vor allem das in den Knochen überlieferte Calciumphosphat (Fluorapatit) sowie umgewandelte Reste ehemals organischer Beimengungen. Dies war zwar schon seit langem bekannt und die UV-Technik fand auch seit Jahrzehnten Anwendung, doch früher konnten zumeist nur stark mineralisierte Gewebe wie Knochen, Schalen

Abb. 53. Der Schlangensaurier *Pleurosaurus* sp. Teil des noch unvollständig präparierten Fossils. Die Gesamtlänge des kompletten Tieres beläuft sich auf rund 70 cm.

und andere fossile Hartteile unter UV sichtbar gemacht werden. Schwach mineralisierte und insbesondere sehr empfindliche Weichteile (sofern sie überhaupt fossil überliefert vorliegen) sind wesentlich schwieriger zu entdecken. In den letzten Jahren wurden die Untersuchungstechniken unter langwelligem UV (366 Nanometer) durch den Einsatz langwelliger Ultraviolettstrahler sehr hoher Leuchtdichte in Verbindung mit verfeinerten Filterungstechniken optimiert. Damit lassen sich nicht nur Einzelheiten des Skelettbaues aufklären, sondern bisweilen Feinstrukturen wie Haut und Beschuppung sichtbar machen, die mit anderen Methoden nicht erkennbar sind.

Die kleine Wattendorfer Brückenechse zeigt unter UV nicht nur alle Einzelheiten ihres Knochenbaues, sondern auch eine einmalig gute Erhaltung der mineralisierten Weichteilstrukturen wie Hautbereiche, Schuppenpartien und Spuren ehemaliger Muskeln (Abb. 52). Sie zählt damit zu den besten aus den Plattenkalken Süddeutschlands bekannten Exemplaren dieser Tiergruppe.

Die Brückenechse *Pleurosaurus* zeigt ein völlig anderes Erscheinungsbild als *Leptosaurus*. *Pleurosaurus* gleicht auf den ersten Blick einer Schlange. Der Eindruck beruht auf den verhältnismäßig sehr kleinen Extremitäten und dem überlangen Schwanz, der nahezu zwei Drittel der Körperlänge ausmacht. Diese Gestalt verleiht ihm zu Recht den deutschen Namen »Schlangensaurier« (obwohl keine engere Verwandtschaft mit den Schlangen besteht). Das Wattendorfer Exemplar liegt in perfekter Erhaltung vor (Abb. 53). Es ist das einzige bisher bekannte Exemplar von *Pleurosaurus*, das in seitlicher Lage eingebettet wurde.

Schlangensaurier sind selten in den Plattenkalken, obwohl sie aus mehreren Fundstellen bekannt sind. Lediglich aus den eher kleinen Abbaustellen um Daiting (Landkreis Donau-Ries) wurden sie früher in mehreren Exemplaren geborgen. Dieses Plattenkalkvorkommen scheint schon aufgrund der Häufung von Landpflanzenfunden direktere Verbindung zu Inseln gehabt zu haben, sei es durch die rein räumliche Nähe oder durch bestimmte Strömungen. Sicherlich war *Pleuro-*

saurus kein ausgesprochenes Landlebewesen. Auf jeden Fall lebte er vorwiegend aquatisch, denn er besitzt einen vertikal abgeplatteten Schwanz, der für den schlängelnden Antrieb im Wasser bestens geeignet ist. Ob die Pleurosaurier nun Bewohner der Küstenregionen waren und in seichten Meeresbereichen auf Beutefang gingen, oder eher in Seen des Hinterlandes der Inseln zuhause waren, kann derzeit noch nicht beantwortet werden.

Krokodile

Aus den Plattenkalken der Südlichen Frankenalb liegen diverse Nachweise verschiedener Krokodile vor: isolierte Zähne, Skelettteile und komplette Skelette. Acht Arten lassen sich unterscheiden. Diese Arten lebten durchaus auch in unterschiedlichen Lebensräumen. So war beispielsweise der bis zu 2 Meter lange *Geosaurus* mit seiner Stromlinienform, der langgezogenen Schnauze, den paddelförmigen Extremitäten, der panzerlosen Haut und der nach unten umgebogenen Schwanzspitze, die eine senkrecht stehende Schwanzflosse unterstützte, ein hochseetüchtiges Tier. Auch der gewaltige *Dakosaurus*, der mindesten 6 m Länge erreichte, war ein Meereskrokodil. Der riesige *Steneosaurus*, von dem ein 4,3 Meter langes Skelett im Jura-Museum ausgestellt wird, war hingegen mit massiven Knochenplatten gepanzert. *Steneosaurus* dürfte sich eher in Küstennähe aufgehalten haben und ging wahrscheinlich zur Eiablage an Land. Kleinere Arten mit kurzer Schnauze und langen Beinen wie *Alligatorellus* und *Atoposaurus* lebten sicherlich ständig auf dem Land und wurden über Fließgewässer in die Flachsee gespült.

In Wattendorf konnten bislang vier Reste geborgen werden: zwei isolierte Zähne, das Mittelstück einer Schnauze mit Ober- und Unterkiefer, sowie das 2,1 m lange hintere Ende eines Meereskrokodils.

Die isolierten Zähne stammen, mit Kronenlängen von 31 und 23 mm, von einer relativ großen Art (Abb. 54). Sie sind leicht sichelförmig gebogen und besitzen einen ovalen Querschnitt mit scharfer Vorder- und Hinterkante. Sie gleichen jenen Zähnen, die von anderen Plattenkalkvorkommen als *Dakosaurus* beschrieben sind.

Beiden Zähnen fehlen die Kronenspitzen. Sägemesserartige Einkerbungen der Schneidekanten, wie sie meist bei *Dakosaurus*-Zähnen beobachtet werden, sind bestenfalls zu erahnen. Das scheinen jedoch Abnutzungsspuren zu sein, was auf das Verarbeiten harter Beutetiere, beispielsweise Schildkröten, zurückzuführen ist. Dass beide Zähne ohne

Abb. 54. Isolierte Zahnkrone eines Krokodils, wahrscheinlich von *Dakosaurus*. Länge 3,1 cm.

Wurzeln vorliegen, passt in dieses Bild. Sicherlich verfügten die Jura-Krokodile wie die modernen Krokodile über die (nach menschlichen Gesichtspunkten beneidenswerte) Eigenschaft des permanenten Zahnwechsels. Das bedeutet, dass Zähne nach einer gewissen Benutzdauer ausfallen und lebenslang durch von unten nachrückende junge Zähne ersetzt werden. Dabei wird die Wurzel des alten Zahns vom Nachrücker resorbiert. Offensichtlich geschah das auch bei den vorliegenden Zähnen. Beim Zuschnappen oder Kauen fielen sie schließlich aus dem Kiefer.

Handelt es sich bei den Wattendorfer Zähnen um solche von *Dakosaurus*, so muss es ein eher kleineres bis mittleres Individuum gewesen sein. Insofern könnten die isolierten Zähne durchaus zu der geborgenen hinteren Hälfte eines großen Krokodils passen. Das ist jedoch momentan noch Spekulation. Der erwähnte hintere Körperabschnitt wurde während der Grabungskampagne 2007 in einer Abbauwand des nördlichen Steinbruchareals entdeckt. In dem dort anstehenden dolomitisierten Plattenkalk wurde das Fossil anhand des Querbruchs erkannt. Nach langwierigen Arbeiten

Abb. 55. Schnauzenfragment eines bisher unbestimmten Krokodils, vielleicht *Steneosaurus*. Länge des Fragments 25,5 cm.

konnten mehrere Blöcke geborgen werden, die den hinteren Teil des Krokodils enthalten. Die vordere Hälfte ist leider lange zuvor dem Abbau zum Opfer gefallen. Das nach unten umgebogene Schwanzende belegt, dass dieses Krokodil mit einer senkrecht stehenden Schwanzflosse ausgestattet war. Es war also ein hoch spezialisiertes Meereskrokodil. Erhalten ist der Körperbereich von der Beckenregion einschließlich der hinteren Brust- und Bauchrippen, über die Hinterextremitäten bis hin zum letzten Schwanzwirbel. Beachtenswert sind große Bereiche mineralisierter Hautsubstanz, in die knopfartige Verknöcherungen eingelagert sind. Die Länge dieses erhaltenen Körperabschnitts mit 2,1 m lässt auf eine Gesamtlänge des Tieres von rund 3,9 m schließen. Über die systematische Einordnung können bislang noch keine sicheren Angaben gemacht werden.

Auch das vorliegende Schnauzenfragment ist ein Lesefund aus einer Halde (Abb. 55). Das Stück hat eine maximale Länge von 25,5 cm und setzt sich aus leicht gegeneinander verrutschten Fragmenten von Ober- und Unterkiefer zusammen. Beide Elemente sind kaum kompaktiert, jedoch derart aufeinander gepresst, dass im Querschnitt keine Trennfuge erkennbar ist. Insgesamt lässt die Anordnung 20 Zähne erkennen, die restlichen Zähne sind unter den Knochenelementen verborgen. Durch Aufrechnen der Zahnabstände lässt sich die Anzahl der Zähne auf der Gesamtlänge von 26 cm auf jeweils rund 20 Zähne pro Kieferseite schätzen. Die maximale Höhe der leicht gebogenen Kronen beträgt 20 mm, ihr Querschnitt ist leicht oval. Der Schmelz ist glatt und zeigt vorne und hinten je eine flache Schmelzleisten von der Basis zur Spitze.

Sicherlich handelt es sich also um ein langschnäuziges Krokodil. Vergleicht man das Fragment aus Wattendorf metrisch mit bekannten Schädeln von *Geosaurus*, so kann man eine Gesamtlänge des intakten Schädels von 60-65 cm errechnen. Dies wäre bei Weitem zu groß für bisher bekannte Arten von *Geosaurus*. Möglicherweise haben wir es mit einer Art der Gattung *Steneosaurus* zu tun. Eine fundierte Ansprache lässt sich jedoch erst nach der vollkommenen Freilegung des Fragments sowie weiteren vergleichenden Untersuchungen treffen.

Die bisherigen Krokodilfunde aus Wattendorf wecken die begründete Hoffnung, bei weiteren Grabungen spektakuläres Material auch von dieser sonst extrem seltenen Tiergruppe zu entdecken.

Abb. 56. Spiralförmiger Koprolith eines Hais. Länge 3,1 cm.

Abb. 57. Die Koprolithen *Lumbricaria* stammen höchstwahrscheinlich von Ammoniten. Größter Durchmesser 10,5 cm.

Lebensspuren

Der Meeresboden der Wattendorfer Lagune war aufgrund der Sauerstoffarmut und Übersalzung lebensfeindlich. In den höheren Wasserschichten waren die Wasserverhältnisse jedoch günstig und es herrschte reiches Leben. Hier tummelten sich garnelenartige Schwimmkrebse, Kopffüßer, Schwärme kleinerer Fische, größere Raubfische, Krokodile, Schildkröten und manch andere Organismen. An und auf den Erhebungen lebten eher die bodenbewohnenden Organismen wie Schnecken, Muscheln, Panzerkrebse, Seeigel und Seesterne, Dickzahnfische und Engelhaie. Und alle wollten fressen und satt werden. Es existierte also ein vielschichtiges Nahrungsnetz. So verwundert es nicht, dass in den Plattenkalken Spuren des Nahrungserwerbs sowie anderer Lebensaktivitäten überliefert sind.

Die häufigsten Lebensspuren und gleichzeitig mit die häufigsten Fossilien sind Koprolithen. Darunter versteht man schlichtweg versteinerten Kot. Man findet Koprolithen in den verschiedensten Formen und Größen, je nachdem von welchem Tier sie erzeugt worden sind. Meist sind sie einige Zentimeter lang, von wurmförmiger Gestalt und bestehen aus phosphatischem Material. Die meisten scheinen von Fischen zu stammen. Spiralförmig gedrehte Koprolithen wurden von Haien erzeugt, deren Spiraldarm sich in der Form ihrer Ausscheidungen widerspiegelt Abb. 56). In manchen Koprolithen, die von Raubfischen stammen dürften, kann

Abb. 58. Zerknackte und ausgespieene Aptychen. Länge 6 cm.

man Gräten und Schuppen kleinerer Beutefische erkennen. Nur auf einer einzigen Schichtfläche des Profilabschnitts D finden sich knäuelartige Koprolithen der Gattung *Lumbricaria*, die nach Untersuchungen an vergleichbaren Nusplinger

Abb. 59. Hintere Körperhälfte von *Tharsis* sp. A. Der Fisch wurde Opfer eines Räubers, wahrscheinlich eines größeren Raubfisches. Länge des Fragments 8 cm.

Funden als die Ausscheidungen von Ammoniten gedeutet werden (Abb. 57). Nicht selten finden sich ferner zerbissene Reste von Fischen, Seeigeln und Aptychen (Abb. 58). Offensichtlich zerkauten die Erzeuger ihre Beute und spuckten hinterher unverdauliche Reste als so genannte Speiballen wieder aus.

Zu diesem Thema gehören auch die fragmentierten Reste von Beutetieren. So liegen etwa 60 % der *Tharsis*-Fossilien in Form von isolierten Körperpartien vor (Abb. 59). Es liegen alle möglichen Zustände vor: isolierte Köpfe, Schwänze, ganze Hinter- oder Vorderhälften. Mögen manche dieser Reste auf natürlichen Zerfall zurückzuführen sein, die meisten scheinen jedoch beim Zuschnappen durch einen Raubfisch oder ein Krokodil abgetrennt und zu Boden gesunken sein. Hervorzuheben ist auch das Fragment einer Schildkröte, bestehend aus Panzerteilen und geborstenen Rippen. Dabei handelt es sich wohl um das Opfer eines großen Krokodils. Die noch anstehende Auswertung von Koprolithen, Speiballen und Fraßresten wird interessante Einblicke in das Nahrungsnetz in der Wattendorfer Lagune liefern.

Unter Lebensspuren müssen auch die Erhaltungszustände der Krebsfossilien erwähnt werden. Da ein starrer Krebspanzer nicht wachsen kann, muss sich der Krebs zeit seines Lebens mehrfach häuten, das heißt, er streift seine zu klein gewordene Hülle ab. Unter dem abgestreiften Panzerhemd (der so genannten »Exuvie«) bildet sich dann ein größerer, neuer Panzer, der rasch aushärtet. Auf diese Weise konnte ein Krebs mehrere Fossilien erzeugen. Nach Auskunft von Dr. Günter Schweigert vom Staatlichen Museum für Naturkunde in Stuttgart (dem auch die Bestimmung der Krebse zu verdanken ist) handelt es sich bei den Wattendorfer Krebsfossilien ausnahmslos um Exuvien.

F. Entstehungsmodell der Wattendorfer Plattenkalke

Kurzcharakteristik der Wattendorfer Fossillagerstätte

Die Wattendorfer Plattenkalke haben sich im submarinen Relief der weitgehend abgestorbenen Mikroben-Schwamm-Riffe abgelagert. Am Boden der Senken herrschten lebensfeindliche Umstände, die zur Konservierung der abgesunkenen Tierleichen geführt haben. Der überwiegende Teil der gefundenen wirbellosen Organismen war bodenlebend. Diese mussten von den umliegenden Flachwasserbereichen in die Lagune transportiert worden sein. Die Häufigkeit dieser Organismen und die Erhaltung von Seeigeln mit intaktem Stachelkleid legen nahe, dass der Transport kurz war und somit Lebensort und Einbettungsort sehr nahe beieinander lagen. Für die Nähe zu den reich belebten Höhen des Reliefs spricht insgesamt auch der außerordentliche Fossilreichtum der geschichteten Gesteine. Hervorzuheben ist die relative Häufigkeit von Quastenflossern, Engelhaien und Schildkröten.

Entstehungsmodell (Abb. 60)

Alle gewonnenen Befunde lassen sich im folgenden Entstehungsmodell zusammenfassen.

Die fossilreichen Wattendorfer Plattenkalke verdanken ihre Entstehung einem Zusammenspiel verschiedener Faktoren. Eine wesentliche Rolle spielen dabei Schwankungen des Meeresspiegels. Vor der Bildung der Plattenkalke entwickelte sich in relativ großer Meerestiefe (ca. 150 m) ein beträchtliches Relief durch das Wachstum von Mikroben-Schwamm-Riffen (Abb. 60a). In den Senken zwischen den Rifferhebungen gedieh eine Art dick-geschichteter »Schwammrasen«, in dem sich Abtragungsschutt der umliegenden Erhebungen, anderes Sediment und organische Reste einlagerten.

Eine Absenkung des Meeresspiegels und/oder eine leichte Hebung des Festlands führten zu einer Verflachung des Meeres (Abb. 60b). Das hatte ein weitgehendes Absterben der Mikroben-Schwamm-Riffe zur Folge. Auf den sich nun verfestigenden Riffoberflächen fanden Organismen ihren Lebensraum, die an harten Grund angepasst waren, wie bestimmte Muscheln und Seeigel, Brachiopoden und andere Lebewesen. Viele Rifferhebungen befanden sich nun im Einwirkungsbereich der Wellenbewegungen. Bei Stürmen wurden von dort Kalkschlamm und Organismenreste aufgewühlt, in die Senken verfrachtet und dort abgelagert. Feinster Kalkschlamm, der sich dabei als Trübe im Wasser verteilte, konnte sich bei ruhigeren Verhältnissen in den Senken als feine Schichten ablagern.

Besonders exponierte ehemalige Rifferhebungen ragten nun als Inseln über den Meeresspiegel hinaus. Auf den Inseln konnte sich Pflanzenwuchs ausbreiten.

Der niedrige Meeresspiegel hemmte im Zusammenspiel mit der abriegelnden Wirkung des untermeerischen Reliefs den Wasseraustausch mit der tiefen Tethys. Das hatte zur Folge, dass in den tiefsten Bereichen der Senken stagnierende Wasserverhältnisse mit Sauerstoffarmut und

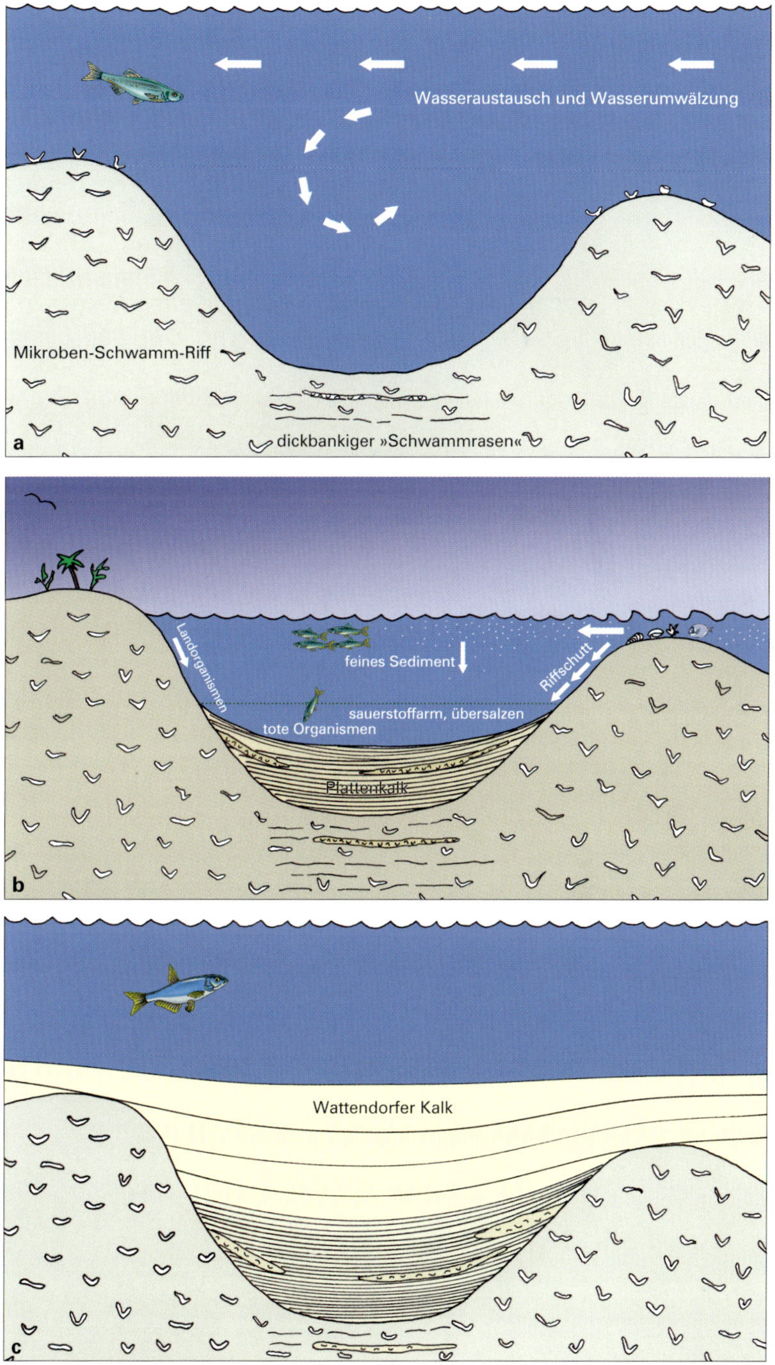

Abb. 60. Entstehungsmodell der Wattendorfer Plattenkalke. **a**. Entwicklung vor der Ablagerung der Plattenkalke. **b**. Entstehung der Plattenkalke. **c**. Entwicklung nach der Ablagerung der Plattenkalke. Erläuterungen im Text.

Übersalzung eintraten. Dort konnten lediglich Mikroben existieren, die den Grund mit einem Biofilm überzogen. In der Wassersäule darüber breitete sich dagegen eine Vielfalt an schwimmenden und planktonischen Organismen aus. Sanken Tierleichen zu Boden, konnten sie aufgrund der lebensfeindlichen Umgebung nicht von Aasfressern beseitigt werden. Zudem wurden sie durch überwuchernde Mikrobenmatten konserviert. Da das Riffwachstum weitgehend beendet war, und sich in den Senken fortwährend Sedimentschichten ablagerten, wurde das vorher lebhafte Relief zunehmend eingeebnet.

In der Folge führte ein erneuter Meeresspiegelanstieg im Zusammenhang mit der weitgehenden Einebnung des Reliefs durch die Plattenkalkablagerungen zur Beendung der Isolation der vormaligen Senken (Abb. 60c). Es kehrten normale, gut durchmischte und durchlüftete Wasserbedingungen ein. Am Meeresgrund war wieder Bodenleben möglich. Damit endete die Zeit der Bildung feinlaminierter, ungestörter Schichtung. Nun lagerte sich der Wattendorfer Kalk ab, der ab dann sowohl den Plattenkalk als auch die weitesten Bereiche der ehemaligen Riffe zudeckte.

Ausblick

Noch besteht keine letztendliche Klarheit darüber, wie umfangreich sich die Fossillagerstätte Wattendorf gestaltet. Sicher ist, dass bis heute nur ein kleiner Teil der im Wattendorfer Steinbruch lagernden Plattenkalkschichten durch Grabungen erschlossen werden konnte. Ferner ist es aus geologischer Sicht wahrscheinlich, dass vergleichbare Situationen auch andernorts in der Region vorkommen und nur nicht durch Steinbrüche erschlossen sind, oder bisher nicht darauf geachtet wurde. Wir hoffen, durch weitere Grabungen das Fundgut zu vermehren und weitere einmalige Schätze heben zu können. Bereits zum jetzigen Zeitpunkt liegen viele Funde vor, die noch nicht präpariert sind. Da die fachgerechte Präparation einzelner Fossilien sehr aufwändig und deshalb zeitintensiv ist, können die Arbeiten nicht alle alleine vom Präparator des Naturkunde-Museums Bamberg erledigt werden. Viele Fossilien müssen also freien Präparatoren zur Bearbeitung überlassen werden. Bislang reichte die dankenswerte Unterstützung der Oberfranken-Stiftung sowie die Spenden zahlreicher Privatpersonen dazu aus, einen Teil der Fossilien, die Sie in der Ausstellung gesehen haben, freilegen zu lassen. Wenn auch Sie sich für diese Sache engagieren möchten, bitten wir Sie, mit uns Kontakt aufzunehmen (Tel. 0951 863-1249, E-Mail: info@naturkundemuseum-bamberg.de)

Hinweis

Wir müssen nochmals darauf hinweisen, dass das Betreten des in reger Abbautätigkeit stehenden Wattendorfer Steinbruchs aus betrieblichen Gründen strengstens untersagt ist. Das Verbot wird kontrolliert. Zudem würde sich das unbefugte Betreten des Steinbruchs zum Zweck der Fossilsuche gar nicht lohnen, denn die Plattenkalke müssen vor jeder Grabungskampagne mit dem Einsatz von Baggern freigelegt werden. Außerhalb der Grabungsperioden sind die fossilreichen Gesteine nicht zugänglich. Gleichwohl hoffen wir, dass die Ausstellung alle Interessierten für das fehlende »Steinbruch-Gefühl« entschädigen wird.

Dank

Ohne Hilfe von vielen Seiten wäre die bisherige Erforschung der Wattendorfer Plattenkalke nicht möglich gewesen. Für maßgebliche Erarbeitung wissenschaftlicher Befunde danke ich ganz herzlich den Kollegen Prof. Dr. Franz Fürsich, Institut für Paläontologie der Universität Würzburg (heute Geozentrum Nordbayern der Universität Erlangen-Nürnberg), Dr. Winfried Werner und Dipl. Geol. Simon Schneider, beide Bayerische Staatssammlung für Paläontologie und Geologie München.

Ganz besonderer Dank gebührt Herrn Helmut Schorr, dem Eigentümer der Firma Andreas Schorr GmbH und Co. KG, Baunach, für die Erlaubnis zur Durchführung der Grabungen. Ohne die freundlich gewährte stetige technische Unterstützung, wären die Grabungen kaum möglich gewesen.

Danken möchte ich ferner sehr herzlich folgenden Personen (jeweils in alphabetischer Reihenfolge):

Für freundliches Entgegenkommen und tatkräftige Unterstützung:

Gesamte Belegschaft des Steinbruchs Wattendorf, stellvertretend Herr Valentin Dauer.

Für wissenschaftliche Unterstützung:

Dr. Gloria Arratia, Museum of Natural History University of Kansas;

Dr. Walter Joyce, Yale Peabody Museum, New Haven;

Dr. Günter Schweigert, Staatliches Museum für Naturkunde, Stuttgart;

Dr. Helmut Tischlinger, Stammham.

Für wertvolle Hinweise zur Durchführung von Grabungen:

Dieter Dernbach, Altenau.

Für ehrenamtliche Grabungstätigkeit:

Walter Albrecht, Kemmern; Fabian und Henrik Bechmann, Unteroberndorf; Gerhard Behr, Bamberg; Anne Dauer, Steinsdorf; Dieter Dernbach, Altenau; Dr. Heinz-LudwigGlaser, Memmelsdorf; Andreas Haas, Litzendorf; Karin Hofmann, Bamberg; Dr. Peter Krisel, Litzendorf; Maximilian und Nikolas Mäuser, Memmelsdorf; Max Schleicher, Nördlingen; Jürgen Waletzky, Bamberg; Peter Werth, Berlin.

Für hervorragend ausgeführte Präparationsarbeiten gebührt Dank:

Thomas Bechmann (hauptamtlicher Präparator am Naturkunde-Museum Bamberg); Anne Dauer (ehrenamtlich); Oliver Kunze (Honorarbasis); Dr. Helmut Tischlinger, Stammham (ehrenamtlich); Giuseppe Völkl-Costantini und Paul Völkl (ehrenamtlich und Honorarbasis); Peter Werth (ehrenamtlich);

Für finanzielle Unterstützung der Grabungen und Präparationsarbeiten:

Oberfrankenstiftung (hier besonders Herrn Edgar Sitzmann, Bezirkstagspräsident a.D.);

Johannes-A.-Haberfellner-Steinhauser-Stiftung;

Bamberger Brauereien (Ambräusianum, Fässla Brauerei, Greifenklau Brauerei, Hellerbräu, Kaiserdom Privatbrauerei, Keesmann Brauerei, Klosterbräu, Mahrs-Bräu, Maisel-Bräu, Spezial Brauerei);

Ursula Berninger, Gerolzhofen; Dr. Ilse Chylla, Glonn; Dieter Dernbach, Altenau; Gertrud und Dieter Döllner, Bamberg; Andreas Gartiser (Gartiser & Piewak), Bamberg; Jürgen Graf, Künzelsau; Familie Goldstein, Schweinfurt; Matthias Grimm, Bamberg; Günter Habermann, Würzburg; Claudia von Heider-Kind, Köln; Ingrid Herz, Markt Schwaben; Traute Kemmer, Oberschleißheim; Roswitha Korn, München; Stephan Kraus (TRELOGIS), Litzendorf; Prof. Dr. Georg-Burkhard Kresse, Penzburg; Ursula und Siegfried Kunz, Hohenlinden; Dr. Wolfram von Lindeiner, Stadtlauringen; Georg Marquardt (Brunnen & Bohren), Haßfurt; Marianne Neumann, Bamberg; Ingrid und Günther Oppelt, Bad Abbach; Dr. Eckhart Plötner, Ebensfeld; Dr. Dietmar Romig, Scheßlitz; Dr. Norbert Ruß, Bamberg; Hans Schleicher, Nördlingen; Karl-Heinz Schmidt, Nördlingen für Jonas Vollhüter, Hirschaid/Juliushof; Frankenbund, Frau Martina Schramm, Bamberg; Anneliese und Gerd Seyfert, Bamberg; Dr. Irmgard Steinhauser-Haberfellner und Jürgen Haberfellner; Margit Weckel, Litzendorf/Naisa; Angelika Zahn, Pfronten; Karin Zieg und Dr. Jens Garleff, Bamberg.

Für finanzielle Unterstützung zur Herausgabe dieses Begleitheftes:

Oberfrankenstiftung;

Helmut Schorr, Baunach.

Für fotographische Arbeiten
Max Dorsch, Bamberg;
Dr. Helmut Tischlinger, Stammham.

Für die kostenlose Überlassung von Fotos:
Klaus Jost (Jostimages), Illingen;
Helmut Debelius (IKAN), Frankfurt a. M.;
Adolf Nüsslein, Gundelsheim.

Für logistische Unterstützung:
Andreas Schorr GmbH & Co. KG; Josef Fösel Bauunternehmung GmbH, Memmelsdorf; Adolf Weller, Reckenneusig.

Klaus Jost
wildlife & nature & underwater

Zitierte Literatur und allgemeine Literatur zu Plattenkalkvorkommen

Dietl, G. & G. Schweigert (2001): Im Reich der Meerengel. – Der Nusplinger Plattenkalk und seine Fossilien. – 144 S., München (Pfeil).

Frickhinger, K. A. (1994): Die Fossilien von Solnhofen/The Fossils of Solnhofen. – 336 S., Korb (Goldschneck).

– (1999): Die Fossilien von Solnhofen/The Fossils of Solnhofen. 2. – 190 S., Korb (Goldschneck).

Fürsich, F. T., W. Werner, S. Schneider & M. Mäuser (2007): Sedimentology, taphonomy, and palaeoecology of a laminated plattenkalk from the Kimmeridgian of the northern Franconian Alb (southern Germany). – Palaeogeography, Palaeoclimatology, Palaeoecology, Vol. **243**: 92-117; Amsterdam.

Meyer, R. K. F. & H. Schmidt-Kaler (1984): Erdgeschichte sichtbar gemacht – Ein geologischer Führer durch die Altmühlalb. – 260 S., München (Bayerisches Geologisches Landesamt).

– (1991): Wanderungen in die Erdgeschichte (II). Durchs Urdonautal nach Eichstätt. – 112 S., München (Pfeil).

– (1994): Wanderungen in die Erdgeschichte (I). Treuchtlingen – Solnhofen – Mörnsheim – Dollnstein. – 96 S., München (Pfeil).

Philippe, M., D. Besson & D. Berthet, (2004): Fossiles de Cerin. – 128 S., Un, Deux ... Quatre Éditions, Clermont-Ferrand.

Röper, M., M. Rothgaenger & K. Rothgaenger (1996): Die Plattenkalke von Brunn (Landkreis Regensburg). – 102 S, Eichendorf (Eichendorf-Verlag).

Schirmer, W. (2000): Exkursion 6 – Jura am Obermain. – Terra nostra, 70. Jahrestagung der Paläontologischen Gesellschaft, Coburg 2000. Exkursionsführer: 98-119; Berlin.

Sperling, T. (Hrsg.) (2001): Carl Wilhelm von Gümbel (1823-1898) – Leben und Werk des bedeutendsten Geologen Bayerns. – 204 S., München (Pfeil).

Viohl, G. (1998): Die Solnhofener Plattenkalke – Entstehung und Lebensräume. – Archaeopteryx, **16**: 37-68; Eichstätt.

Viohl, G. & M. Zapp (2006): Die Fossil-Lagerstätte Schamhaupten (oberstes Kimmeridgium, Südliche Frankenalb, Bayern). – Archaeopteryx, **24**: 27-78; Eichstätt.

Vorläufige Artenliste der Wattendorfer Plattenkalke

Pflanzen

Wirtelalgen (Dasycladaceae)
Clypeina sp.
Goniolina sp.
Petrascula sp.

Algen unsicherer Zuordnung
Algae indet. A
Algae indet. B (»*Phyllothallus*«)

Nadelholzgewächse (Coniferae)
Araucarien-Zapfenschuppen
?*Brachyphyllum* sp.

Bennettiteen (Bennettiteae)
Zamites sp.

Unbestimmte Pflanzen
Plantae indet. A
Plantae indet. B

Tiere

Schwämme (Porifera)
Codites sp.
Porifera indet.

Armfüßer (Brachiopoda)
?*Juralina* sp.
?*Torquirhynchia* sp.

Schnecken Gastropoda)
?*Bathrotomaria* sp.
Gastropoda sp. A (?*Globularia* sp.)
Gastropoda sp. B
Gastropoda sp. C
Gastropoda indet.
Globularia sp.
Harpagodes sp.
Neritopsis sp. A
Neritopsis sp. B
cf. *Pileolus* sp.
?pleurotomariid
Procerithiid indet.

Muscheln (Bivalvia)
Arcomytilus furcatus (Münster)
Aulacomyella sp.
?*Bakevellia* sp.
Bivalve indet.
?*Camptonectes* sp.
Chlamys sp.
Grammatodon (Grammatodon) sp.
Grammatodon (Cosmetodon) sp.
Inoceramid
Liostrea sp.
Modiolus sp.
Nicaniella sp.
?nuculid
Pectinid indet.
Praeconia rhomboidalis (Phillips)
Pseudolimnea sp.
?pteriid
?*Radulopecten* sp.
?*Tancredia* sp.

Kopffüßer (Cephalopoda)
?*Acanthoteuthis* sp.
Aspidoceras sp.
Aulacostephanus eudoxus (d'Orbigny)
Belemnitidae indet.
Laevaptychus sp.
Lamellaptychus sp.
Physodoceras sp.
Plesioteuthis sp.
Streblites sp.
Trachyteuthis sp.

Vielborster-Würmer
Muensteria vermicularis Sternberg

Krebstiere (Crustacea)

Schwimmkrebse (Natantia)
Aeger elegans Münster
Aeger tipularius (Schlotheim)
Bylgia ruedelli Schweigert & Garassino
Dusa monocera Münster
Dusa sp.
Elder ungulatus Münster

Glyphaea sp.
Hefriga sp.
Koelgia curvirostris Münster

Bodenbewohnende Krebse (Reptantia)
Cycleryon spinimanus (Germar)
Eryon arctiformis (Schlotheim)
Eryma cf. *punctatum* Oppel
Galicia cf. *veldtheimii*
Palaeoastacus cf. *fuciformis* (Schlotheim)
Palinura longipes (Münster)

Heuschreckenkrebse (Stomatopoda)
Sculda sp.

Asseln (Isopoda)
Isopoda indet.

Krebslarven
Phyllosoma-Larven

Stachelhäuter (Echinodermata)

Seeigel (Echinoidea)
Echinoidea (irregulär) indet.
Echinoidea (regulär) indet.
Nucleolites sp.
?*Pseudosalenia* sp.
?*Pseudodiadema* sp.
Pygurus sp.
Rhabdocidaris sp.

Seesterne (Asteroidea)
Asteroidea indet.

Schlangensterne (Ophiuroidea)
Ophiuroidea indet.

Fische (Pisces)

Haie und Rochen (Elasmobranchii)
Pseudorhina sp.

Seekatzen (Holocephali)
?*Ischyodus* sp.

Strahlenflosser (Actinopterygii)
Actinopterygia sp. A
Actinopterygia sp. B
Allothrissops sp.
Anaethalion sp.
Aspidorhynchus sp.
Belenostomus sp.
?*Callopterus* sp.
Caturus sp.
?*Eurypoma* sp.
Gyrodus sp.
Lepidotes sp.
Notagogus sp.
Pachycormide indet.
Pholidophoride sp. A
Pholidophoride sp. B
Pleuropholis sp.
Proscinetes sp.
Tharsis sp. A
Tharsis sp. B
Thrissops sp.

Fleischflosser (Sarcopterygii)
Holophagus sp.
Libys sp.

Reptilien (Reptilia)

Schildkröten (Testudinata)
Eurysternide indet.
Plesiochelys sp.

Brückenechsen (Sphenodontia)
Leptosaurus pulchellus
Pleurosaurus sp.

Krokodile (Crocodylia)
Crocodylia indet.
?*Dakosaurus* sp.

Spuren

Grabgang
Koprolithen
Lumbricaria